한솔 완벽한 연산

수학은 마라톤입니다.
지금 여러분은 출발 지점에 서 있습니다.
초등학교 저학년 때는
수학 마라톤을 잘 하기 위해
기초 체력을 튼튼히 길러야 합니다.

한솔 완벽한 연산으로 시작하세요.
마라톤을 잘 뛸 수 있는 완벽한 연산 실력을 키워줍니다.

❓ 왜 완벽한 연산인가요?

✎ 기초 연산은 물론, 학교 연산까지 이 책 시리즈 하나면 완벽하게 끝나기 때문입니다. '한솔 완벽한 연산'은 하루 8쪽씩, 5일 동안 4주분을 학습하고, 마지막 주에는 학교 시험에 완벽하게 대비할 수 있도록 '연산 UP' 16쪽을 추가로 제공합니다.

매일 꾸준한 연습으로 연산 실력을 키우기에 충분한 학습량입니다.

'한솔 완벽한 연산' 하나면 기초 연산도 학교 연산도 완벽하게 대비할 수 있습니다.

❓ 몇 단계로 구성되고, 몇 학년이 풀 수 있나요?

✎ 모두 6단계로 구성되어 있습니다.

'한솔 완벽한 연산'은 한 단계가 1개 학년이 아닙니다. 연산의 기초 훈련이 가장 필요한 시기인 초등 2~3학년에 집중하여 여러 단계로 구성하였습니다.

이 시기에는 수학의 기초 체력을 튼튼히 길러야 하니까요.

단계	권장 학년	학습 내용
MA	6~7세	100까지의 수, 더하기와 빼기
MB	초등 1~2학년	한 자리 수의 덧셈, 두 자리 수의 덧셈
MC	초등 1~2학년	두 자리 수의 덧셈과 뺄셈
MD	초등 2~3학년	두·세 자리 수의 덧셈과 뺄셈
ME	초등 2~3학년	곱셈구구, (두·세 자리 수)×(한 자리 수), (두·세 자리 수)÷(한 자리 수)
MF	초등 3~4학년	(두·세 자리 수)×(두 자리 수), (두·세 자리 수)÷(두 자리 수), 분수·소수의 덧셈과 뺄셈

❓ 책 한 권은 어떻게 구성되어 있나요?

✏️ 책 한 권은 모두 4주 학습으로 구성되어 있습니다.
한 주는 모두 40쪽으로 하루에 8쪽씩, 5일 동안 푸는 것을 권장합니다.
마지막 5주차에는 학교 시험에 대비할 수 있는 '연산 UP'을 학습합니다.

❓ '한솔 완벽한 연산'도 매일매일 풀어야 하나요?

✏️ 물론입니다. 매일매일 규칙적으로 연습을 해야 연산 능력이 향상되기 때문입니다.
월요일부터 금요일까지 매일 8쪽씩, 4주 동안 규칙적으로 풀고, 마지막 주에
'연산 UP' 16쪽을 다 풀면 한 권 학습이 끝납니다.
매일매일 푸는 습관이 잡히면 개인 진도에 따라 두 달에 3권을 푸는 것도 가능
합니다.

❓ 하루 8쪽씩이라구요? 너무 많은 양 아닌가요?

✏️ '한솔 완벽한 연산'은 술술 풀면서 잘 넘어가는 학습지입니다.
공부하는 학생 입장에서는 빡빡한 문제를 4쪽 푸는 것보다 술술 넘어가는 문제를
8쪽 푸는 것이 훨씬 큰 성취감을 느낄 수 있습니다.
'한솔 완벽한 연산'은 학생의 연령을 고려해 쪽당 학습량을 전략적으로 구성했습니
다. 그래서 학생이 부담을 덜 느끼면서 효과적으로 학습할 수 있습니다.

학교 진도와 맞추려면 어떻게 공부해야 하나요?

✎ 이 책은 한 권을 한 달 동안 푸는 것을 권장합니다.
각 단계별 학교 진도는 다음과 같습니다.

단계	MA	MB	MC	MD	ME	MF
권 수	8권	5권	7권	7권	7권	7권
학교 진도	초등 이전	초등 1학년	초등 2학년	초등 3학년	초등 3학년	초등 4학년

초등학교 1학년이 3월에 MB 단계부터 매달 1권씩 꾸준히 푼다고 한다면 2학년이 시작될 때 MD 단계를 풀게 되고, 3학년 때 MF 단계(4학년 과정)까지 마무리할 수 있습니다.

이 책 시리즈로 꼼꼼히 학습하게 되면 일반 방문학습지 못지 않게 충분한 연산 실력을 쌓게 되고 조금씩 다음 학년 진도까지 학습할 수 있다는 장점이 있습니다.

매일 꾸준히 성실하게 학습한다면 학년 구분 없이 원하는 진도를 스스로 계획하고 진행해 나갈 수 있습니다.

⑦ '연산 UP'은 어떻게 공부해야 하나요?

✎ '연산 UP'은 4주 동안 훈련한 연산 능력을 확인하는 과정이자 학교에서 흔히 접하는 계산 유형 문제까지 접할 수 있는 코너입니다.
'연산 UP'의 구성은 다음과 같습니다.

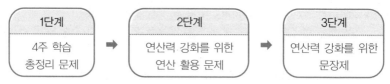

'연산 UP'은 모두 16쪽으로 구성되었으므로 하루 8쪽씩 2일 동안 학습하고, 다음 단계로 진행할 것을 권장합니다.

MA 6~7세

권	제목	주차별 학습 내용
1	20까지의 수 1	1주 5까지의 수 (1)
		2주 5까지의 수 (2)
		3주 5까지의 수 (3)
		4주 10까지의 수
2	20까지의 수 2	1주 10까지의 수 (1)
		2주 10까지의 수 (2)
		3주 20까지의 수 (1)
		4주 20까지의 수 (2)
3	20까지의 수 3	1주 20까지의 수 (1)
		2주 20까지의 수 (2)
		3주 20까지의 수 (3)
		4주 20까지의 수 (4)
4	50까지의 수	1주 50까지의 수 (1)
		2주 50까지의 수 (2)
		3주 50까지의 수 (3)
		4주 50까지의 수 (4)
5	1000까지의 수	1주 100까지의 수 (1)
		2주 100까지의 수 (2)
		3주 100까지의 수 (3)
		4주 1000까지의 수
6	수 가르기와 모으기	1주 수 가르기 (1)
		2주 수 가르기 (2)
		3주 수 모으기 (1)
		4주 수 모으기 (2)
7	덧셈의 기초	1주 상황 속 덧셈
		2주 더하기 1
		3주 더하기 2
		4주 더하기 3
8	뺄셈의 기초	1주 상황 속 뺄셈
		2주 빼기 1
		3주 빼기 2
		4주 빼기 3

MB 초등 1·2학년 ①

권	제목	주차별 학습 내용
1	덧셈 1	1주 받아올림이 없는 (한 자리 수)+(한 자리 수) (1)
		2주 받아올림이 없는 (한 자리 수)+(한 자리 수) (2)
		3주 받아올림이 없는 (한 자리 수)+(한 자리 수) (3)
		4주 받아올림이 없는 (두 자리 수)+(한 자리 수)
2	덧셈 2	1주 받아올림이 없는 (두 자리 수)+(한 자리 수)
		2주 받아올림이 있는 (한 자리 수)+(한 자리 수) (1)
		3주 받아올림이 있는 (한 자리 수)+(한 자리 수) (2)
		4주 받아올림이 있는 (한 자리 수)+(한 자리 수) (3)
3	뺄셈 1	1주 (한 자리 수)−(한 자리 수) (1)
		2주 (한 자리 수)−(한 자리 수) (2)
		3주 (한 자리 수)−(한 자리 수) (3)
		4주 받아내림이 없는 (두 자리 수)−(한 자리 수)
4	뺄셈 2	1주 받아내림이 없는 (두 자리 수)−(한 자리 수)
		2주 받아내림이 있는 (두 자리 수)−(한 자리 수) (1)
		3주 받아내림이 있는 (두 자리 수)−(한 자리 수) (2)
		4주 받아내림이 있는 (두 자리 수)−(한 자리 수) (3)
5	덧셈과 뺄셈의 완성	1주 (한 자리 수)+(한 자리 수), (한 자리 수)−(한 자리 수)
		2주 세 수의 덧셈, 세 수의 뺄셈 (1)
		3주 (두 자리 수)+(한 자리 수), (두 자리 수)−(한 자리 수)
		4주 세 수의 덧셈, 세 수의 뺄셈 (2)

ME 초등 2 · 3학년 ②

권	제목	주차별 학습 내용	
1	곱셈구구	1주	곱셈구구 (1)
		2주	곱셈구구 (2)
		3주	곱셈구구 (3)
		4주	곱셈구구 (4)
2	(두 자리 수)×(한 자리 수) 1	1주	곱셈구구 종합
		2주	(두 자리 수)×(한 자리 수) (1)
		3주	(두 자리 수)×(한 자리 수) (2)
		4주	(두 자리 수)×(한 자리 수) (3)
3	(두 자리 수)×(한 자리 수) 2	1주	(두 자리 수)×(한 자리 수) (1)
		2주	(두 자리 수)×(한 자리 수) (2)
		3주	(두 자리 수)×(한 자리 수) (3)
		4주	(두 자리 수)×(한 자리 수) (4)
4	(세 자리 수)×(한 자리 수)	1주	(세 자리 수)×(한 자리 수) (1)
		2주	(세 자리 수)×(한 자리 수) (2)
		3주	(세 자리 수)×(한 자리 수) (3)
		4주	곱셈 종합
5	(두 자리 수)÷(한 자리 수) 1	1주	나눗셈의 기초 (1)
		2주	나눗셈의 기초 (2)
		3주	나눗셈의 기초 (3)
		4주	(두 자리 수)÷(한 자리 수)
6	(두 자리 수)÷(한 자리 수) 2	1주	(두 자리 수)÷(한 자리 수) (1)
		2주	(두 자리 수)÷(한 자리 수) (2)
		3주	(두 자리 수)÷(한 자리 수) (3)
		4주	(두 자리 수)÷(한 자리 수) (4)
7	(두·세 자리 수)÷(한 자리 수)	1주	(두 자리 수)÷(한 자리 수) (1)
		2주	(두 자리 수)÷(한 자리 수) (2)
		3주	(세 자리 수)÷(한 자리 수) (1)
		4주	(세 자리 수)÷(한 자리 수) (2)

MF 초등 3 · 4학년

권	제목	주차별 학습 내용	
1	(두 자리 수)×(두 자리 수)	1주	(두 자리 수)×(한 자리 수)
		2주	(두 자리 수)×(두 자리 수) (1)
		3주	(두 자리 수)×(두 자리 수) (2)
		4주	(두 자리 수)×(두 자리 수) (3)
2	(두·세 자리 수)×(두 자리 수)	1주	(두 자리 수)×(두 자리 수)
		2주	(세 자리 수)×(두 자리 수) (1)
		3주	(세 자리 수)×(두 자리 수) (2)
		4주	곱셈의 완성
3	(두 자리 수)÷(두 자리 수)	1주	(두 자리 수)÷(두 자리 수) (1)
		2주	(두 자리 수)÷(두 자리 수) (2)
		3주	(두 자리 수)÷(두 자리 수) (3)
		4주	(두 자리 수)÷(두 자리 수) (4)
4	(세 자리 수)÷(두 자리 수)	1주	(세 자리 수)÷(두 자리 수) (1)
		2주	(세 자리 수)÷(두 자리 수) (2)
		3주	(세 자리 수)÷(두 자리 수) (3)
		4주	나눗셈의 완성
5	혼합 계산	1주	혼합 계산 (1)
		2주	혼합 계산 (2)
		3주	혼합 계산 (3)
		4주	곱셈과 나눗셈, 혼합 계산 총정리
6	분수의 덧셈과 뺄셈	1주	분수의 덧셈 (1)
		2주	분수의 덧셈 (2)
		3주	분수의 뺄셈 (1)
		4주	분수의 뺄셈 (2)
7	소수의 덧셈과 뺄셈	1주	분수의 덧셈과 뺄셈
		2주	소수의 기초, 소수의 덧셈과 뺄셈 (1)
		3주	소수의 덧셈과 뺄셈 (2)
		4주	소수의 덧셈과 뺄셈 (3)

주별 학습 내용 MC단계 **7**권

세 수의 덧셈

요일	교재 번호	학습한 날짜		확인
1일차(월)	01~08	월	일	
2일차(화)	09~16	월	일	
3일차(수)	17~24	월	일	
4일차(목)	25~32	월	일	
5일차(금)	33~40	월	일	

● ☐ 안에 알맞은 수를 쓰세요.

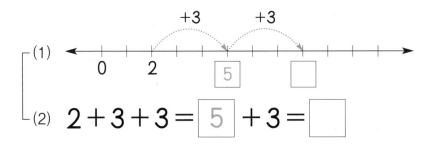

(1)

(2) $2 + 3 + 3 = \boxed{5} + 3 = \boxed{}$

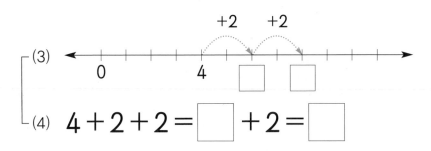

(3)

(4) $4 + 2 + 2 = \boxed{} + 2 = \boxed{}$

(5)

(6) $7 + 4 + 2 = \boxed{} + 2 = \boxed{}$

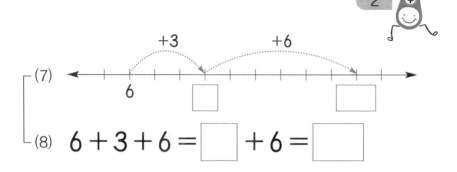

(7)

```
        +3              +6
    ←――――――――――――――――――――――――――――――→
        6      [ ]              [ ]
```

(8) $6 + 3 + 6 = \boxed{} + 6 = \boxed{}$

(9)

```
            +4        +2
    ←――――――――――――――――――――――――――――――→
            6     [ ] [ ]
```

(10) $6 + 4 + 2 = \boxed{} + 2 = \boxed{}$

(11)

```
            +2            +5
    ←――――――――――――――――――――――――――――――→
            9    [ ]              [ ]
```

(12) $9 + 2 + 5 = \boxed{} + 5 = \boxed{}$

(13)

```
            +3      +2
    ←――――――――――――――――――――――――――――――→
            8   [ ] [ ]
```

(14) $8 + 3 + 2 = \boxed{} + 2 = \boxed{}$

MC01 세 수의 덧셈

● ☐ 안에 알맞은 수를 쓰세요.

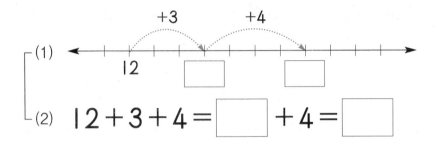

(1)

$$12 + 3 + 4 = \boxed{} + 4 = \boxed{}$$

(2)

(3)

$$20 + 5 + 2 = \boxed{} + 2 = \boxed{}$$

(4)

(5)

$$31 + 4 + 2 = \boxed{} + 2 = \boxed{}$$

(6)

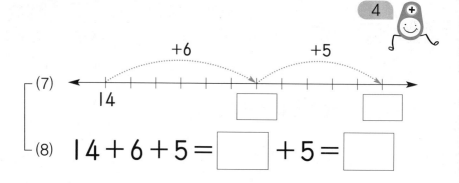

(7)

(8) $14 + 6 + 5 = \boxed{} + 5 = \boxed{}$

(9)

(10) $22 + 6 + 4 = \boxed{} + 4 = \boxed{}$

(11)

(12) $46 + 4 + 3 = \boxed{} + 3 = \boxed{}$

(13)

(14) $35 + 5 + 2 = \boxed{} + 2 = \boxed{}$

MC01 세 수의 덧셈

● □ 안에 알맞은 수를 쓰세요.

(1)

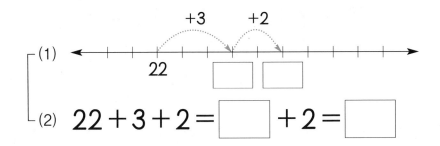

(2) $22 + 3 + 2 = \boxed{} + 2 = \boxed{}$

(3)

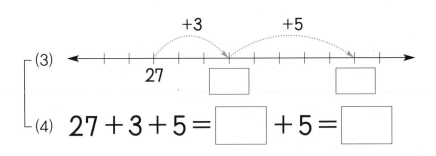

(4) $27 + 3 + 5 = \boxed{} + 5 = \boxed{}$

(5)

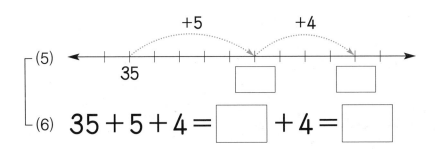

(6) $35 + 5 + 4 = \boxed{} + 4 = \boxed{}$

(7)

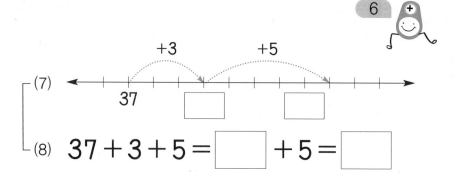

+3   +5

37

(8) $37 + 3 + 5 = \boxed{} + 5 = \boxed{}$

(9)

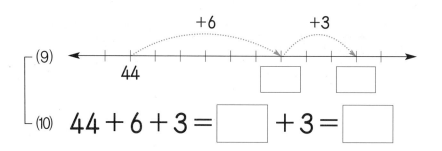

+6   +3

44

(10) $44 + 6 + 3 = \boxed{} + 3 = \boxed{}$

(11)

+5   +2

47

(12) $47 + 5 + 2 = \boxed{} + 2 = \boxed{}$

(13)

+3   +4

48

(14) $48 + 3 + 4 = \boxed{} + 4 = \boxed{}$

MC01 세 수의 덧셈

● □ 안에 알맞은 수를 쓰세요.

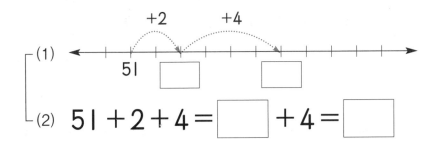

(1)

(2) $51 + 2 + 4 = \boxed{} + 4 = \boxed{}$

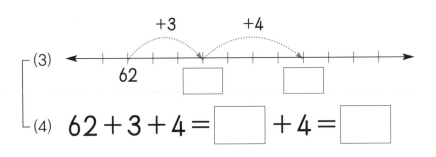

(3)

(4) $62 + 3 + 4 = \boxed{} + 4 = \boxed{}$

(5)

(6) $72 + 7 + 2 = \boxed{} + 2 = \boxed{}$

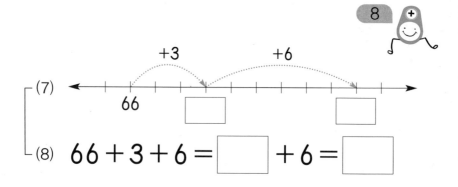

(7)

66 ____ +3 ____ +6 ____

(8) $66 + 3 + 6 = \boxed{} + 6 = \boxed{}$

(9)

55 ____ +5 ____ +2 ____

(10) $55 + 5 + 2 = \boxed{} + 2 = \boxed{}$

(11)

89 ____ +5 ____ +4 ____

(12) $89 + 5 + 4 = \boxed{} + 4 = \boxed{}$

(13)

74 ____ +6 ____ +2 ____

(14) $74 + 6 + 2 = \boxed{} + 2 = \boxed{}$

MC01 세 수의 덧셈

● ☐ 안에 알맞은 수를 쓰세요.

(1) $4+2+3$

$=6+3$

$= \boxed{9}$

(4) $30+1+5$

$= \boxed{} +5$

$= \boxed{}$

(2) $10+2+2$

$=12+2$

$= \boxed{}$

(5) $40+2+4$

$= \boxed{} +4$

$= \boxed{}$

(3) $20+3+2$

$= \boxed{} +2$

$= \boxed{}$

(6) $50+1+3$

$= \boxed{} +3$

$= \boxed{}$

(7) $60 + 2 + 5$

$= \boxed{} + 5$

$= \boxed{}$

(10) $90 + 7 + 2$

$= \boxed{} + 2$

$= \boxed{}$

(8) $70 + 3 + 4$

$= \boxed{} + 4$

$= \boxed{}$

(11) $50 + 4 + 2$

$= \boxed{} + 2$

$= \boxed{}$

(9) $80 + 3 + 6$

$= \boxed{} + 6$

$= \boxed{}$

(12) $30 + 3 + 3$

$= \boxed{} + 3$

$= \boxed{}$

세 수의 덧셈

● □ 안에 알맞은 수를 쓰세요.

(1) $13 + 4 + 6$

= $\boxed{17}$ $+ 6$

= $\boxed{}$

(4) $21 + 6 + 5$

= $\boxed{}$ $+ 5$

= $\boxed{}$

(2) $14 + 5 + 3$

= $\boxed{}$ $+ 3$

= $\boxed{}$

(5) $35 + 2 + 3$

= $\boxed{}$ $+ 3$

= $\boxed{}$

(3) $22 + 6 + 4$

= $\boxed{}$ $+ 4$

= $\boxed{}$

(6) $36 + 1 + 7$

= $\boxed{}$ $+ 7$

= $\boxed{}$

(7) $14 + 2 + 6$

$= \boxed{} + 6$

$= \boxed{}$

(10) $33 + 2 + 8$

$= \boxed{} + 8$

$= \boxed{}$

(8) $22 + 7 + 3$

$= \boxed{} + 3$

$= \boxed{}$

(11) $21 + 6 + 5$

$= \boxed{} + 5$

$= \boxed{}$

(9) $33 + 5 + 4$

$= \boxed{} + 4$

$= \boxed{}$

(12) $15 + 2 + 9$

$= \boxed{} + 9$

$= \boxed{}$

MC01 세 수의 덧셈

● ☐ 안에 알맞은 수를 쓰세요.

(1) $45 + 6 + 2$

$= \boxed{} + 2$

$= \boxed{}$

(4) $56 + 9 + 2$

$= \boxed{} + 2$

$= \boxed{}$

(2) $44 + 7 + 3$

$= \boxed{} + 3$

$= \boxed{}$

(5) $67 + 4 + 4$

$= \boxed{} + 4$

$= \boxed{}$

(3) $52 + 8 + 5$

$= \boxed{} + 5$

$= \boxed{}$

(6) $65 + 5 + 7$

$= \boxed{} + 7$

$= \boxed{}$

(7) $69 + 6 + 3$

$= \boxed{} + 3$

$= \boxed{}$

(10) $43 + 9 + 4$

$= \boxed{} + 4$

$= \boxed{}$

(8) $49 + 8 + 2$

$= \boxed{} + 2$

$= \boxed{}$

(11) $56 + 4 + 3$

$= \boxed{} + 3$

$= \boxed{}$

(9) $58 + 4 + 7$

$= \boxed{} + 7$

$= \boxed{}$

(12) $67 + 5 + 5$

$= \boxed{} + 5$

$= \boxed{}$

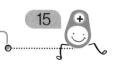

MC01 세 수의 덧셈

● 합이 몇십이 되는 두 수를 먼저 더하고 나머지 수를 더하여 합을 구하세요.

(1) $3+2+7$

$=10+2$

$=\boxed{}$

(2) $14+5+6$

$=20+5$

$=\boxed{}$

(3) $35+4+5$

$=\boxed{}+4$

$=\boxed{}$

(4) $12+3+8$

$=\boxed{}+3$

$=\boxed{}$

(5) $21+2+9$

$=\boxed{}+2$

$=\boxed{}$

(6) $36+7+4$

$=\boxed{}+7$

$=\boxed{}$

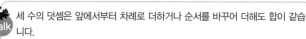

Talk 세 수의 덧셈은 앞에서부터 차례로 더하거나 순서를 바꾸어 더해도 합이 같습니다.

$13+5+7=18+7=25 \Leftrightarrow 13+5+7=20+5=25$

(7) $14 + 3 + 6$

$= \boxed{} + 3$

$= \boxed{}$

(10) $38 + 5 + 2$

$= \boxed{} + 5$

$= \boxed{}$

(8) $35 + 2 + 5$

$= \boxed{} + 2$

$= \boxed{}$

(11) $13 + 4 + 7$

$= \boxed{} + 4$

$= \boxed{}$

(9) $26 + 6 + 4$

$= \boxed{} + 6$

$= \boxed{}$

(12) $29 + 3 + 1$

$= \boxed{} + 3$

$= \boxed{}$

MC01 세 수의 덧셈

● 덧셈을 하세요.

(1) $3 + 2 + 4 =$

(2) $4 + 5 + 1 =$

(3) $10 + 2 + 4 =$

(4) $10 + 5 + 2 =$

(5) $12 + 3 + 2 =$

(6) $17 + 3 + 4 =$

(7) $3 + 6 + 3 =$

(8) $7 + 4 + 1 =$

(9) $10 + 2 + 3 =$

(10) $11 + 8 + 4 =$

(11) $15 + 5 + 3 =$

(12) $16 + 5 + 2 =$

(13) $16 + 6 + 2 =$

● 덧셈을 하세요.

(1) $5 + 1 + 3 =$

(2) $13 + 4 + 5 =$

(3) $11 + 5 + 8 =$

(4) $24 + 2 + 7 =$

(5) $27 + 3 + 2 =$

(6) $29 + 1 + 4 =$

(7) $23 + 2 + 4 =$

(8) $7 + 2 + 9 =$

(9) $15 + 4 + 3 =$

(10) $21 + 5 + 6 =$

(11) $17 + 6 + 4 =$

(12) $11 + 3 + 5 =$

(13) $26 + 4 + 3 =$

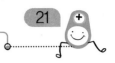

MC01 세 수의 덧셈

● 덧셈을 하세요.

(1) $15 + 4 + 3 =$

(2) $20 + 8 + 4 =$

(3) $20 + 9 + 3 =$

(4) $21 + 4 + 7 =$

(5) $21 + 5 + 6 =$

(6) $22 + 4 + 5 =$

(7) $22 + 6 + 3 =$

(8) $23 + 7 + 1 =$

(9) $25 + 6 + 1 =$

(10) $30 + 4 + 7 =$

(11) $40 + 5 + 6 =$

(12) $31 + 9 + 2 =$

(13) $32 + 8 + 3 =$

MC01 세 수의 덧셈

● 덧셈을 하세요.

(1) $21 + 3 + 9 =$

(2) $22 + 4 + 8 =$

(3) $33 + 4 + 7 =$

(4) $35 + 3 + 4 =$

(5) $36 + 4 + 5 =$

(6) $31 + 2 + 9 =$

(7) $20 + 3 + 4 =$

(8) $20 + 7 + 3 =$

(9) $30 + 2 + 5 =$

(10) $32 + 1 + 3 =$

(11) $40 + 5 + 2 =$

(12) $41 + 2 + 4 =$

(13) $42 + 3 + 1 =$

MC01 세 수의 덧셈

● 덧셈을 하세요.

(1) $30 + 5 + 6 =$

(2) $31 + 1 + 9 =$

(3) $32 + 2 + 8 =$

(4) $31 + 8 + 3 =$

(5) $38 + 2 + 5 =$

(6) $37 + 4 + 1 =$

(7) $38 + 4 + 2 =$

(8) $35 + 6 + 1 =$

(9) $40 + 5 + 1 =$

(10) $40 + 8 + 3 =$

(11) $44 + 3 + 6 =$

(12) $45 + 5 + 5 =$

(13) $48 + 3 + 2 =$

MC01 세 수의 덧셈

● 덧셈을 하세요.

(1) $11 + 2 + 3 =$

(2) $12 + 4 + 5 =$

(3) $26 + 4 + 3 =$

(4) $25 + 3 + 5 =$

(5) $33 + 7 + 6 =$

(6) $41 + 5 + 4 =$

(7) $51 + 2 + 4 =$

(8) $57 + 3 + 6 =$

(9) $65 + 5 + 3 =$

(10) $63 + 5 + 7 =$

(11) $76 + 1 + 7 =$

(12) $79 + 1 + 3 =$

(13) $88 + 6 + 2 =$

MC01 세 수의 덧셈

● 덧셈을 하세요.

(1) $30 + 5 + 2 =$

(2) $32 + 8 + 7 =$

(3) $45 + 3 + 5 =$

(4) $41 + 2 + 9 =$

(5) $54 + 6 + 2 =$

(6) $58 + 3 + 4 =$

(7) $32 + 5 + 4 =$

(8) $56 + 1 + 4 =$

(9) $50 + 6 + 2 =$

(10) $47 + 5 + 3 =$

(11) $38 + 3 + 6 =$

(12) $51 + 5 + 4 =$

(13) $46 + 3 + 8 =$

MC01 세 수의 덧셈

● 덧셈을 하세요.

(1) $17 + 1 + 5 =$

(2) $42 + 3 + 4 =$

(3) $82 + 4 + 8 =$

(4) $33 + 5 + 6 =$

(5) $69 + 3 + 3 =$

(6) $75 + 4 + 5 =$

(7) $19 + 3 + 3 =$

(8) $81 + 6 + 2 =$

(9) $35 + 3 + 5 =$

(10) $26 + 7 + 6 =$

(11) $63 + 1 + 3 =$

(12) $58 + 4 + 2 =$

(13) $71 + 5 + 5 =$

MC01 세 수의 덧셈

● 덧셈을 하세요.

(1) $52 + 5 + 4 =$

(2) $34 + 2 + 1 =$

(3) $65 + 3 + 5 =$

(4) $43 + 5 + 2 =$

(5) $26 + 8 + 5 =$

(6) $17 + 6 + 3 =$

(7) $83 + 4 + 2 =$

(8) $35 + 1 + 6 =$

(9) $52 + 7 + 5 =$

(10) $11 + 3 + 9 =$

(11) $25 + 8 + 5 =$

(12) $63 + 7 + 2 =$

(13) $75 + 4 + 1 =$

MC01 세 수의 덧셈

● 덧셈을 하세요.

(1) $36 + 6 + 4 =$

(2) $27 + 1 + 5 =$

(3) $89 + 2 + 3 =$

(4) $52 + 5 + 8 =$

(5) $43 + 7 + 6 =$

(6) $18 + 4 + 2 =$

(7) $65 + 4 + 5 =$

(8) $28 + 6 + 3 =$

(9) $51 + 2 + 9 =$

(10) $70 + 5 + 3 =$

(11) $83 + 6 + 2 =$

(12) $46 + 3 + 2 =$

(13) $19 + 6 + 5 =$

MC01 세 수의 덧셈

● 덧셈을 하세요.

(1) $50 + 5 + 5 =$

(2) $51 + 9 + 1 =$

(3) $52 + 3 + 8 =$

(4) $53 + 4 + 7 =$

(5) $55 + 5 + 2 =$

(6) $64 + 7 + 4 =$

(7) $66 + 3 + 2 =$

(8) $48 + 2 + 7 =$

(9) $37 + 5 + 1 =$

(10) $57 + 3 + 6 =$

(11) $61 + 2 + 3 =$

(12) $50 + 8 + 5 =$

(13) $44 + 6 + 5 =$

MC01 세 수의 덧셈

● 덧셈을 하세요.

(1) $62 + 1 + 3 =$

(2) $63 + 5 + 7 =$

(3) $72 + 7 + 5 =$

(4) $75 + 2 + 3 =$

(5) $83 + 2 + 7 =$

(6) $86 + 4 + 3 =$

(7) $65 + 6 + 5 =$

(8) $61 + 3 + 5 =$

(9) $84 + 5 + 6 =$

(10) $77 + 3 + 2 =$

(11) $82 + 4 + 6 =$

(12) $78 + 2 + 2 =$

(13) $72 + 5 + 3 =$

세 수의 뺄셈

2주차

요일	교재 번호	학습한 날짜		확인
1일차(월)	01~08	월	일	
2일차(화)	09~16	월	일	
3일차(수)	17~24	월	일	
4일차(목)	25~32	월	일	
5일차(금)	33~40	월	일	

● ☐ 안에 알맞은 수를 쓰세요.

(1) $7 - 1 - 2$

$= 6 - 2$

$= \boxed{}$

(4) $16 - 4 - 2$

$= \boxed{} - 2$

$= \boxed{}$

(2) $9 - 2 - 4$

$= 7 - 4$

$= \boxed{}$

(5) $28 - 3 - 3$

$= \boxed{} - 3$

$= \boxed{}$

(3) $18 - 5 - 3$

$= \boxed{} - 3$

$= \boxed{}$

(6) $27 - 3 - 2$

$= \boxed{} - 2$

$= \boxed{}$

(7) $16 - 4 - 5$

$= \boxed{} - 5$

$= \boxed{}$

(10) $24 - 1 - 6$

$= \boxed{} - 6$

$= \boxed{}$

(8) $14 - 3 - 2$

$= \boxed{} - 2$

$= \boxed{}$

(11) $35 - 5 - 4$

$= \boxed{} - 4$

$= \boxed{}$

(9) $26 - 4 - 3$

$= \boxed{} - 3$

$= \boxed{}$

(12) $33 - 2 - 5$

$= \boxed{} - 5$

$= \boxed{}$

세 수의 뺄셈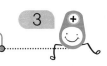

3

● □ 안에 알맞은 수를 쓰세요.

(1) $18 - 5 - 4$

$= \boxed{} - 4$

$= \boxed{}$

(4) $36 - 4 - 6$

$= \boxed{} - 6$

$= \boxed{}$

(2) $25 - 3 - 3$

$= \boxed{} - 3$

$= \boxed{}$

(5) $24 - 2 - 7$

$= \boxed{} - 7$

$= \boxed{}$

(3) $32 - 1 - 5$

$= \boxed{} - 5$

$= \boxed{}$

(6) $13 - 3 - 4$

$= \boxed{} - 4$

$= \boxed{}$

(7) $17 - 1 - 7$

$= \boxed{} - 7$

$= \boxed{}$

(10) $27 - 2 - 8$

$= \boxed{} - 8$

$= \boxed{}$

(8) $16 - 2 - 6$

$= \boxed{} - 6$

$= \boxed{}$

(11) $39 - 4 - 9$

$= \boxed{} - 9$

$= \boxed{}$

(9) $28 - 3 - 7$

$= \boxed{} - 7$

$= \boxed{}$

(12) $47 - 6 - 4$

$= \boxed{} - 4$

$= \boxed{}$

5

● □ 안에 알맞은 수를 쓰세요.

(1) $43 - 1 - 4$

$= \boxed{} - 4$

$= \boxed{}$

(4) $55 - 2 - 7$

$= \boxed{} - 7$

$= \boxed{}$

(2) $46 - 5 - 2$

$= \boxed{} - 2$

$= \boxed{}$

(5) $38 - 6 - 3$

$= \boxed{} - 3$

$= \boxed{}$

(3) $54 - 3 - 3$

$= \boxed{} - 3$

$= \boxed{}$

(6) $65 - 4 - 6$

$= \boxed{} - 6$

$= \boxed{}$

(7) $49 - 4 - 6$

$= \boxed{} - 6$

$= \boxed{}$

(10) $66 - 3 - 4$

$= \boxed{} - 4$

$= \boxed{}$

(8) $62 - 1 - 2$

$= \boxed{} - 2$

$= \boxed{}$

(11) $53 - 2 - 3$

$= \boxed{} - 3$

$= \boxed{}$

(9) $54 - 2 - 5$

$= \boxed{} - 5$

$= \boxed{}$

(12) $45 - 5 - 6$

$= \boxed{} - 6$

$= \boxed{}$

● ☐ 안에 알맞은 수를 쓰세요.

(1) 24 − 3 − 3

= ☐ − 3

= ☐

(4) 76 − 4 − 6

= ☐ − 6

= ☐

(2) 37 − 5 − 4

= ☐ − 4

= ☐

(5) 64 − 3 − 2

= ☐ − 2

= ☐

(3) 53 − 3 − 5

= ☐ − 5

= ☐

(6) 86 − 2 − 7

= ☐ − 7

= ☐

(7) $73-2-4$

$= \boxed{} -4$

$= \boxed{}$

(10) $82-2-6$

$= \boxed{} -6$

$= \boxed{}$

(8) $75-4-5$

$= \boxed{} -5$

$= \boxed{}$

(11) $94-3-7$

$= \boxed{} -7$

$= \boxed{}$

(9) $87-7-3$

$= \boxed{} -3$

$= \boxed{}$

(12) $96-2-5$

$= \boxed{} -5$

$= \boxed{}$

MC02 세 수의 뺄셈

● 뺄셈을 하세요.

(1) $18 - 2 - 6 =$

(2) $15 - 4 - 3 =$

(3) $22 - 2 - 7 =$

(4) $20 - 5 - 3 =$

(5) $32 - 2 - 4 =$

(6) $36 - 4 - 6 =$

(7) $17 - 2 - 7 =$

(8) $12 - 5 - 4 =$

(9) $15 - 6 - 4 =$

(10) $17 - 7 - 5 =$

(11) $20 - 1 - 2 =$

(12) $30 - 3 - 7 =$

(13) $31 - 4 - 6 =$

MC02 세 수의 뺄셈

● 뺄셈을 하세요.

(1) $40 - 2 - 3 =$

(2) $45 - 2 - 6 =$

(3) $50 - 3 - 4 =$

(4) $54 - 2 - 2 =$

(5) $39 - 3 - 7 =$

(6) $41 - 7 - 1 =$

(7) $37 - 2 - 8 =$

(8) $42 - 9 - 1 =$

(9) $50 - 6 - 3 =$

(10) $46 - 6 - 4 =$

(11) $55 - 4 - 3 =$

(12) $64 - 4 - 5 =$

(13) $27 - 5 - 3 =$

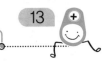

MC02 세 수의 뺄셈

● 뺄셈을 하세요.

(1) $17 - 4 - 5 =$

(2) $22 - 3 - 4 =$

(3) $30 - 5 - 2 =$

(4) $32 - 2 - 2 =$

(5) $38 - 5 - 5 =$

(6) $42 - 6 - 3 =$

(7) $31 - 3 - 5 =$

(8) $47 - 1 - 8 =$

(9) $34 - 2 - 4 =$

(10) $48 - 9 - 2 =$

(11) $52 - 7 - 3 =$

(12) $55 - 4 - 7 =$

(13) $23 - 5 - 4 =$

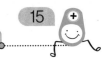

MC02 세 수의 뺄셈

● 뺄셈을 하세요.

(1) $24 - 4 - 2 =$

(2) $50 - 3 - 4 =$

(3) $62 - 4 - 3 =$

(4) $18 - 7 - 3 =$

(5) $46 - 2 - 2 =$

(6) $30 - 4 - 5 =$

(7) $31 - 5 - 2 =$

(8) $74 - 3 - 3 =$

(9) $19 - 5 - 9 =$

(10) $20 - 2 - 7 =$

(11) $52 - 1 - 6 =$

(12) $65 - 6 - 4 =$

(13) $73 - 4 - 5 =$

MC02 세 수의 뺄셈

● 뺄셈을 하세요.

(1) $25 - 7 - 3 =$

(2) $82 - 2 - 5 =$

(3) $17 - 5 - 4 =$

(4) $48 - 3 - 6 =$

(5) $53 - 4 - 7 =$

(6) $61 - 2 - 6 =$

18

(7) $27 - 4 - 6 =$

(8) $54 - 3 - 9 =$

(9) $33 - 5 - 7 =$

(10) $42 - 2 - 4 =$

(11) $86 - 3 - 7 =$

(12) $60 - 7 - 3 =$

(13) $72 - 2 - 8 =$

MC02 세 수의 뺄셈

● 뺄셈을 하세요.

(1) $15 - 7 - 3 =$

(2) $35 - 8 - 2 =$

(3) $51 - 3 - 5 =$

(4) $20 - 4 - 3 =$

(5) $45 - 3 - 8 =$

(6) $34 - 6 - 1 =$

(7) $46 - 9 - 2 =$

(8) $59 - 8 - 1 =$

(9) $45 - 7 - 3 =$

(10) $75 - 3 - 5 =$

(11) $61 - 3 - 2 =$

(12) $64 - 4 - 5 =$

(13) $70 - 3 - 5 =$

● 뺄셈을 하세요.

(1) $45 - 5 - 3 =$

(2) $50 - 3 - 2 =$

(3) $53 - 3 - 7 =$

(4) $56 - 4 - 4 =$

(5) $62 - 4 - 6 =$

(6) $63 - 3 - 7 =$

(7) $67 - 4 - 3 =$

(8) $68 - 8 - 2 =$

(9) $73 - 1 - 4 =$

(10) $76 - 4 - 4 =$

(11) $55 - 5 - 6 =$

(12) $69 - 3 - 6 =$

(13) $78 - 3 - 7 =$

MC02 세 수의 뺄셈

● 뺄셈을 하세요.

(1) $58 - 7 - 4 =$

(2) $74 - 2 - 3 =$

(3) $70 - 1 - 5 =$

(4) $68 - 2 - 8 =$

(5) $71 - 4 - 4 =$

(6) $83 - 4 - 2 =$

(7) $22 - 1 - 3 =$

(8) $50 - 8 - 2 =$

(9) $84 - 2 - 7 =$

(10) $75 - 4 - 2 =$

(11) $64 - 6 - 3 =$

(12) $43 - 3 - 5 =$

(13) $96 - 9 - 1 =$

MC02 세 수의 뺄셈

● 덧셈식을 보고, ☐ 안에 알맞은 수를 쓰세요.

(1)

$$13 + 4 = 17$$
$$17 - 4 = 13$$
$$17 - \boxed{13} = 4$$

(2)

$$11 + 5 = 16$$
$$16 - 5 = 11$$
$$16 - \boxed{11} = 5$$

(3)

$$16 + 4 = 20$$
$$20 - 4 = 16$$
$$20 - \boxed{} = 4$$

(4)

$$27 + 3 = 30$$
$$30 - 3 = 27$$
$$30 - \boxed{} = 3$$

(5)

$$22 + 6 = 28$$
$$28 - 6 = 22$$
$$28 - \boxed{} = 6$$

(6)

$$24 + 3 = 27$$
$$27 - 3 = 24$$
$$27 - \boxed{} = 3$$

(7)

$$24 + 7 = 31$$
$$31 - 7 = 24$$
$$31 - \boxed{} = 7$$

(10)

$$33 + 8 = 41$$
$$41 - 8 = 33$$
$$41 - \boxed{} = 8$$

(8)

$$26 + 6 = 32$$
$$32 - 6 = 26$$
$$32 - \boxed{} = 6$$

(11)

$$39 + 4 = 43$$
$$43 - 4 = 39$$
$$43 - \boxed{} = 4$$

(9)

$$34 + 7 = 41$$
$$41 - 7 = 34$$
$$41 - \boxed{} = 7$$

(12)

$$45 + 8 = 53$$
$$53 - 8 = 45$$
$$53 - \boxed{} = 8$$

MC02 세 수의 뺄셈

● 덧셈식을 보고, ☐ 안에 알맞은 수를 쓰세요.

(1)

$$27 + 5 = 32$$
$$32 - \boxed{5} = 27$$
$$32 - 27 = 5$$

(4)

$$44 + 9 = 53$$
$$53 - \boxed{} = 44$$
$$53 - 44 = 9$$

(2)

$$38 + 6 = 44$$
$$44 - \boxed{} = 38$$
$$44 - 38 = 6$$

(5)

$$46 + 6 = 52$$
$$52 - \boxed{} = 46$$
$$52 - 46 = 6$$

(3)

$$36 + 8 = 44$$
$$44 - \boxed{} = 36$$
$$44 - 36 = 8$$

(6)

$$45 + 6 = 51$$
$$51 - \boxed{} = 45$$
$$51 - 45 = 6$$

(7)

$$58 + 3 = 61$$
$$61 - \boxed{} = 58$$
$$61 - 58 = 3$$

(10)

$$62 + 9 = 71$$
$$71 - \boxed{} = 62$$
$$71 - 62 = 9$$

(8)

$$55 + 9 = 64$$
$$64 - \boxed{} = 55$$
$$64 - 55 = 9$$

(11)

$$77 + 8 = 85$$
$$85 - \boxed{} = 77$$
$$85 - 77 = 8$$

(9)

$$64 + 5 = 69$$
$$69 - \boxed{} = 64$$
$$69 - 64 = 5$$

(12)

$$89 + 4 = 93$$
$$93 - \boxed{} = 89$$
$$93 - 89 = 4$$

MC02 세 수의 뺄셈

● 덧셈식을 보고, ☐ 안에 알맞은 수를 쓰세요.

(1)

$2 + 7 = 9$

$9 - \boxed{7} = 2$

$9 - \boxed{2} = 7$

(4)

$23 + 7 = 30$

$30 - \boxed{} = 23$

$30 - \boxed{} = 7$

(2)

$11 + 8 = 19$

$19 - \boxed{} = 11$

$19 - \boxed{} = 8$

(5)

$28 + 4 = 32$

$32 - \boxed{} = 28$

$32 - \boxed{} = 4$

(3)

$20 + 5 = 25$

$25 - \boxed{} = 20$

$25 - \boxed{} = 5$

(6)

$36 + 5 = 41$

$41 - \boxed{} = 36$

$41 - \boxed{} = 5$

(7)

$37 + 6 = 43$

$43 - \boxed{} = 37$

$43 - \boxed{} = 6$

(10)

$59 + 3 = 62$

$62 - \boxed{} = 59$

$62 - \boxed{} = 3$

(8)

$42 + 8 = 50$

$50 - \boxed{} = 42$

$50 - \boxed{} = 8$

(11)

$69 + 2 = 71$

$71 - \boxed{} = 69$

$71 - \boxed{} = 2$

(9)

$54 + 6 = 60$

$60 - \boxed{} = 54$

$60 - \boxed{} = 6$

(12)

$70 + 2 = 72$

$72 - \boxed{} = 70$

$72 - \boxed{} = 2$

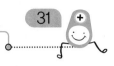

MC02 세 수의 뺄셈

● 덧셈식을 보고, ☐ 안에 알맞은 수를 쓰세요.

(1)
$$11 + 9 = 20$$
$20 - \boxed{9} = \boxed{}$
$20 - \boxed{11} = \boxed{}$

(2)
$$19 + 4 = 23$$
$23 - \boxed{} = \boxed{}$
$23 - \boxed{} = \boxed{}$

(3)
$$25 + 7 = 32$$
$32 - \boxed{} = \boxed{}$
$32 - \boxed{} = \boxed{}$

(4)
$$34 + 6 = 40$$
$40 - \boxed{} = \boxed{}$
$40 - \boxed{} = \boxed{}$

(5)
$$37 + 5 = 42$$
$42 - \boxed{} = \boxed{}$
$42 - \boxed{} = \boxed{}$

(6)
$$48 + 3 = 51$$
$51 - \boxed{} = \boxed{}$
$51 - \boxed{} = \boxed{}$

(7)

$$47 + 4 = 51$$

$51 - \boxed{} = \boxed{}$

$51 - \boxed{} = \boxed{}$

(10)

$$76 + 5 = 81$$

$81 - \boxed{} = \boxed{}$

$81 - \boxed{} = \boxed{}$

(8)

$$56 + 6 = 62$$

$62 - \boxed{} = \boxed{}$

$62 - \boxed{} = \boxed{}$

(11)

$$88 + 2 = 90$$

$90 - \boxed{} = \boxed{}$

$90 - \boxed{} = \boxed{}$

(9)

$$64 + 7 = 71$$

$71 - \boxed{} = \boxed{}$

$71 - \boxed{} = \boxed{}$

(12)

$$89 + 3 = 92$$

$92 - \boxed{} = \boxed{}$

$92 - \boxed{} = \boxed{}$

MC02 세 수의 뺄셈

● 뺄셈식을 보고, ☐ 안에 알맞은 수를 쓰세요.

(1)

$16 - 5 = 11$
$5 + 11 = 16$
$11 + \boxed{5} = 16$

(4)

$23 - 7 = 16$
$7 + 16 = 23$
$16 + \boxed{} = 23$

(2)

$15 - 8 = 7$
$8 + 7 = 15$
$7 + \boxed{} = 15$

(5)

$25 - 8 = 17$
$8 + 17 = 25$
$17 + \boxed{} = 25$

(3)

$20 - 4 = 16$
$4 + 16 = 20$
$16 + \boxed{} = 20$

(6)

$24 - 6 = 18$
$6 + 18 = 24$
$18 + \boxed{} = 24$

(7)

$$22 - 6 = 16$$
$$6 + 16 = 22$$
$$16 + \boxed{} = 22$$

(10)

$$45 - 9 = 36$$
$$9 + 36 = 45$$
$$36 + \boxed{} = 45$$

(8)

$$33 - 8 = 25$$
$$8 + 25 = 33$$
$$25 + \boxed{} = 33$$

(11)

$$48 - 9 = 39$$
$$9 + 39 = 48$$
$$39 + \boxed{} = 48$$

(9)

$$36 - 7 = 29$$
$$7 + 29 = 36$$
$$29 + \boxed{} = 36$$

(12)

$$53 - 5 = 48$$
$$5 + 48 = 53$$
$$48 + \boxed{} = 53$$

MC02 세 수의 뺄셈

● 뺄셈식을 보고, ☐ 안에 알맞은 수를 쓰세요.

(1)

$$46 - 7 = 39$$
$$7 + \boxed{39} = 46$$
$$39 + 7 = 46$$

(4)

$$54 - 5 = 49$$
$$5 + \boxed{} = 54$$
$$49 + 5 = 54$$

(2)

$$44 - 8 = 36$$
$$8 + \boxed{} = 44$$
$$36 + 8 = 44$$

(5)

$$62 - 4 = 58$$
$$4 + \boxed{} = 62$$
$$58 + 4 = 62$$

(3)

$$58 - 9 = 49$$
$$9 + \boxed{} = 58$$
$$49 + 9 = 58$$

(6)

$$63 - 5 = 58$$
$$5 + \boxed{} = 63$$
$$58 + 5 = 63$$

(7)

$$32 - 4 = 28$$
$$4 + \boxed{} = 32$$
$$28 + 4 = 32$$

(10)

$$74 - 5 = 69$$
$$5 + \boxed{} = 74$$
$$69 + 5 = 74$$

(8)

$$40 - 2 = 38$$
$$2 + \boxed{} = 40$$
$$38 + 2 = 40$$

(11)

$$83 - 5 = 78$$
$$5 + \boxed{} = 83$$
$$78 + 5 = 83$$

(9)

$$57 - 9 = 48$$
$$9 + \boxed{} = 57$$
$$48 + 9 = 57$$

(12)

$$90 - 4 = 86$$
$$4 + \boxed{} = 90$$
$$86 + 4 = 90$$

MC02 세 수의 뺄셈

● 뺄셈식을 보고, ☐ 안에 알맞은 수를 쓰세요.

(1)

$$9 - 4 = 5$$

$$4 + \boxed{5} = 9$$

$$5 + \boxed{4} = 9$$

(2)

$$10 - 4 = 6$$

$$4 + \boxed{} = 10$$

$$6 + \boxed{} = 10$$

(3)

$$12 - 3 = 9$$

$$3 + \boxed{} = 12$$

$$9 + \boxed{} = 12$$

(4)

$$18 - 5 = 13$$

$$5 + \boxed{} = 18$$

$$13 + \boxed{} = 18$$

(5)

$$23 - 4 = 19$$

$$4 + \boxed{} = 23$$

$$19 + \boxed{} = 23$$

(6)

$$25 - 7 = 18$$

$$7 + \boxed{} = 25$$

$$18 + \boxed{} = 25$$

(7)

$$33 - 5 = 28$$
$$5 + \boxed{} = 33$$
$$28 + \boxed{} = 33$$

(10)

$$51 - 5 = 46$$
$$5 + \boxed{} = 51$$
$$46 + \boxed{} = 51$$

(8)

$$34 - 6 = 28$$
$$6 + \boxed{} = 34$$
$$28 + \boxed{} = 34$$

(11)

$$61 - 4 = 57$$
$$4 + \boxed{} = 61$$
$$57 + \boxed{} = 61$$

(9)

$$42 - 4 = 38$$
$$4 + \boxed{} = 42$$
$$38 + \boxed{} = 42$$

(12)

$$70 - 8 = 62$$
$$8 + \boxed{} = 70$$
$$62 + \boxed{} = 70$$

MC02 세 수의 뺄셈

● 뺄셈식을 보고, ☐ 안에 알맞은 수를 쓰세요.

(1)

$$16 - 3 = 13$$

$3 + \boxed{} = \boxed{}$

$13 + \boxed{} = \boxed{}$

(4)

$$33 - 4 = 29$$

$4 + \boxed{} = \boxed{}$

$29 + \boxed{} = \boxed{}$

(2)

$$25 - 2 = 23$$

$2 + \boxed{} = \boxed{}$

$23 + \boxed{} = \boxed{}$

(5)

$$41 - 4 = 37$$

$4 + \boxed{} = \boxed{}$

$37 + \boxed{} = \boxed{}$

(3)

$$30 - 2 = 28$$

$2 + \boxed{} = \boxed{}$

$28 + \boxed{} = \boxed{}$

(6)

$$45 - 7 = 38$$

$7 + \boxed{} = \boxed{}$

$38 + \boxed{} = \boxed{}$

(7)

$$50 - 3 = 47$$

$3 + \boxed{} = \boxed{}$

$47 + \boxed{} = \boxed{}$

(10)

$$65 - 5 = 60$$

$5 + \boxed{} = \boxed{}$

$60 + \boxed{} = \boxed{}$

(8)

$$52 - 4 = 48$$

$4 + \boxed{} = \boxed{}$

$48 + \boxed{} = \boxed{}$

(11)

$$72 - 3 = 69$$

$3 + \boxed{} = \boxed{}$

$69 + \boxed{} = \boxed{}$

(9)

$$67 - 4 = 63$$

$4 + \boxed{} = \boxed{}$

$63 + \boxed{} = \boxed{}$

(12)

$$78 - 9 = 69$$

$9 + \boxed{} = \boxed{}$

$69 + \boxed{} = \boxed{}$

(두 자리 수)+(한 자리 수),
(두 자리 수)−(한 자리 수) 종합

3주차

요일	교재 번호	학습한 날짜		확인
1일차(월)	01~08	월	일	
2일차(화)	09~16	월	일	
3일차(수)	17~24	월	일	
4일차(목)	25~32	월	일	
5일차(금)	33~40	월	일	

● 덧셈을 하세요.

(1) $13 + 5 =$

(2) $75 + 0 =$

(3) $31 + 4 =$

(4) $5 + 61 =$

(5) $24 + 3 =$

(6) $56 + 2 =$

(7) $4 + 31 =$

(8) $14 + 4 =$

(9) $23 + 2 =$

(10) $25 + 4 =$

(11) $32 + 3 =$

(12) $31 + 7 =$

(13) $52 + 4 =$

(14) $72 + 6 =$

(15) $42 + 4 =$

● 덧셈을 하세요.

(1) $44 + 5 =$

(2) $50 + 9 =$

(3) $58 + 1 =$

(4) $72 + 7 =$

(5) $73 + 4 =$

(6) $90 + 4 =$

(7) $91 + 6 =$

(8) $42 + 7 =$

(9) $84 + 2 =$

(10) $33 + 4 =$

(11) $30 + 5 =$

(12) $52 + 6 =$

(13) $54 + 5 =$

(14) $61 + 3 =$

(15) $62 + 4 =$

● ☐ 안에 알맞은 수를 쓰세요.

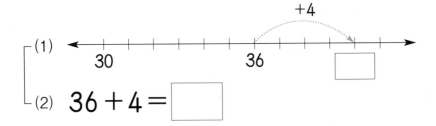

(1)

(2) $36 + 4 =$ ☐

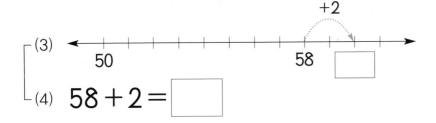

(3)

(4) $58 + 2 =$ ☐

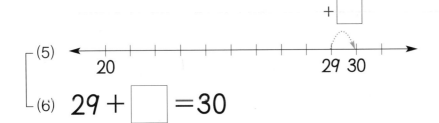

(5)

(6) $29 + ☐ = 30$

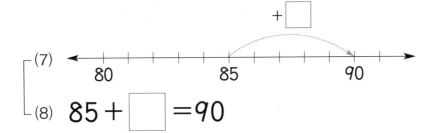

(7)

(8) $85 + ☐ = 90$

(9)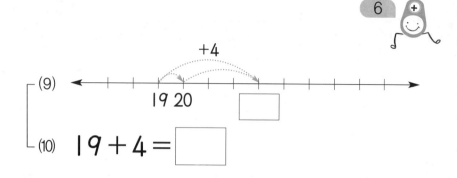

(10) $19 + 4 = \boxed{}$

(11)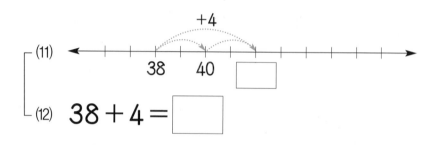

(12) $38 + 4 = \boxed{}$

(13)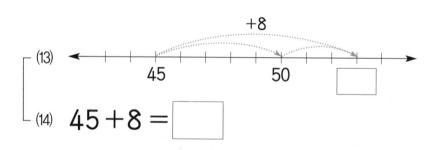

(14) $45 + 8 = \boxed{}$

(15)

(16) $65 + 2 + 5 = \boxed{} + 5 = \boxed{}$

● ☐ 안에 알맞은 수를 쓰세요.

(1) $17+5$

$17+3+\boxed{}$

$20+\boxed{}=\boxed{}$

(4) $56+6$

$56+4+\boxed{}$

$60+\boxed{}=\boxed{}$

(2) $47+4$

$47+3+\boxed{}$

$50+\boxed{}=\boxed{}$

(5) $39+5$

$39+1+\boxed{}$

$40+\boxed{}=\boxed{}$

(3) $28+5$

$28+2+\boxed{}$

$30+\boxed{}=\boxed{}$

(6) $67+8$

$67+3+\boxed{}$

$70+\boxed{}=\boxed{}$

(7) $33+9$

$33+7+\boxed{}$

$40+\boxed{}=\boxed{}$

(10) $86+6$

$86+4+\boxed{}$

$90+\boxed{}=\boxed{}$

(8) $54+7$

$54+6+\boxed{}$

$60+\boxed{}=\boxed{}$

(11) $63+8$

$63+7+\boxed{}$

$70+\boxed{}=\boxed{}$

(9) $15+8$

$15+5+\boxed{}$

$20+\boxed{}=\boxed{}$

(12) $44+9$

$44+6+\boxed{}$

$50+\boxed{}=\boxed{}$

MC03 (두 자리 수)+(한 자리 수), (두 자리 수)−(한 자리 수) 종합

● 덧셈을 하세요.

(1) $7 + 3 =$

(2) $24 + 6 =$

(3) $45 + 5 =$

(4) $59 + 1 =$

(5) $2 + 18 =$

(6) $16 + 4 =$

(7) $72 + 8 =$

(8) $62 + 8 =$

(9) $73 + 7 =$

(10) $85 + 5 =$

(11) $9 + 21 =$

(12) $4 + 36 =$

(13) $49 + 1 =$

(14) $64 + 6 =$

(15) $57 + 3 =$

MC03 (두 자리 수)+(한 자리 수), (두 자리 수)−(한 자리 수) 종합

● 덧셈을 하세요.

(1) $18 + 2 =$

(2) $19 + 3 =$

(3) $23 + 8 =$

(4) $27 + 4 =$

(5) $34 + 7 =$

(6) $54 + 6 =$

(7) $46 + 5 =$

(8) $59 + 4 =$

(9) $48 + 3 =$

(10) $75 + 6 =$

(11) $64 + 8 =$

(12) $27 + 6 =$

(13) $77 + 5 =$

(14) $84 + 8 =$

(15) $87 + 8 =$

MC03 (두 자리 수)+(한 자리 수), (두 자리 수)−(한 자리 수) 종합

● 덧셈을 하세요.

(1) $28 + 5 =$

(2) $47 + 7 =$

(3) $69 + 2 =$

(4) $35 + 7 =$

(5) $16 + 5 =$

(6) $74 + 9 =$

(7) $7 + 47 =$

(8) $29 + 9 =$

(9) $14 + 8 =$

(10) $45 + 8 =$

(11) $73 + 9 =$

(12) $37 + 5 =$

(13) $66 + 7 =$

(14) $59 + 5 =$

(15) $6 + 45 =$

MC03 (두 자리 수)+(한 자리 수), (두 자리 수)−(한 자리 수) 종합

● ☐ 안에 알맞은 수를 쓰세요.

(1) $28 + 3 = \boxed{}$

(2) $56 + 6 = \boxed{}$

(3) $44 + 7 = \boxed{}$

(4) $17 + 4 = \boxed{}$

(5) $39 + 5 = \boxed{}$

(6) $17 + \boxed{} = 21$

(7) $39 + \boxed{} = 44$

(8) $63 + 8 = \boxed{}$

(9) $87 + 5 = \boxed{}$

(10) $54 + 7 = \boxed{}$

(11) $29 + 2 = \boxed{}$

(12) $78 + 4 = \boxed{}$

(13) $29 + \boxed{} = 31$

(14) $78 + \boxed{} = 82$

(15) $87 + \boxed{} = 92$

MC03 (두 자리 수)+(한 자리 수), (두 자리 수)−(한 자리 수) 종합

● 덧셈을 하세요.

(1) $33 + 3 + 2 =$

(2) $10 + 5 + 3 =$

(3) $22 + 4 + 3 =$

(4) $41 + 2 + 4 =$

(5) $27 + 1 + 5 =$

(6) $14 + 7 + 3 =$

(7) $42 + 3 + 8 =$

(8) $54 + 2 + 5 =$

(9) $28 + 1 + 7 =$

(10) $64 + 6 + 2 =$

(11) $76 + 3 + 4 =$

MC03 (두 자리 수)+(한 자리 수), (두 자리 수)-(한 자리 수) 종합

● 빈칸에 알맞은 수를 쓰세요.

+	2	4	6	8
22		26	28	
33	35			41
44		48	50	
55	57			63
66	68			74
77		81	83	

● 빈칸에 알맞은 수를 쓰세요.

+	3	5	7	9
81	84		88	
72	75		79	
63		68		72
54		59		63
45	48		52	
36	39		43	

● 뺄셈을 하세요.

(1) $13 - 2 =$

(2) $19 - 4 =$

(3) $24 - 2 =$

(4) $28 - 4 =$

(5) $38 - 5 =$

(6) $39 - 6 =$

(7) $47 - 4 =$

(8) $17 - 5 =$

(9) $37 - 2 =$

(10) $76 - 5 =$

(11) $59 - 7 =$

(12) $28 - 4 =$

(13) $66 - 0 =$

(14) $45 - 2 =$

(15) $88 - 7 =$

● 뺄셈을 하세요.

(1) $36 - 4 =$

(2) $57 - 2 =$

(3) $48 - 3 =$

(4) $36 - 5 =$

(5) $66 - 5 =$

(6) $28 - 7 =$

(7) $74 - 3 =$

(8) $27 - 4 =$

(9) $36 - 6 =$

(10) $64 - 2 =$

(11) $99 - 5 =$

(12) $39 - 2 =$

(13) $47 - 4 =$

(14) $56 - 2 =$

(15) $66 - 3 =$

MC03 (두 자리 수)+(한 자리 수), (두 자리 수)−(한 자리 수) 종합

● ☐ 안에 알맞은 수를 쓰세요.

(1)
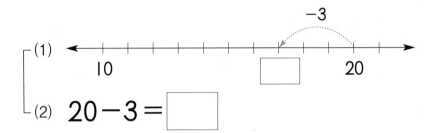

(2) $20-3=$ ☐

(3)
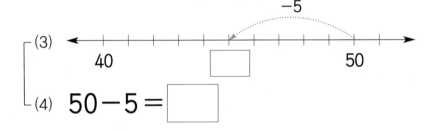

(4) $50-5=$ ☐

(5)
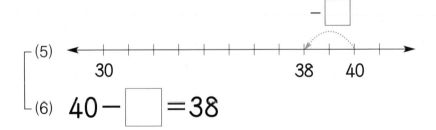

(6) $40-$ ☐ $=38$

(7)
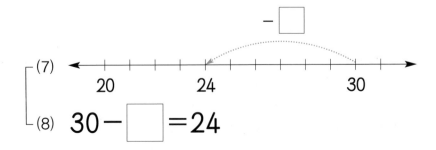

(8) $30-$ ☐ $=24$

(9)

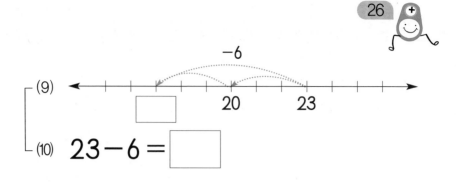

(10) $23-6=$ □

(11)

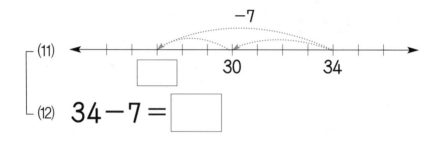

(12) $34-7=$ □

(13)

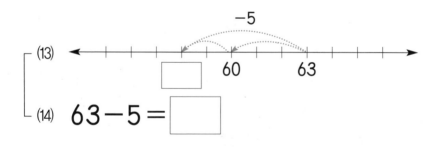

(14) $63-5=$ □

(15)

(16) $44-3-4=$ □ $-4=$ □

● ☐ 안에 알맞은 수를 쓰세요.

(1) $11-3$

$11-1-2$

$10-\square=\square$

(4) $24-7$

$24-4-\square$

$20-\square=\square$

(2) $42-5$

$42-2-\square$

$40-\square=\square$

(5) $65-6$

$65-5-\square$

$60-\square=\square$

(3) $53-4$

$53-3-\square$

$50-\square=\square$

(6) $32-7$

$32-2-\square$

$30-\square=\square$

(7) 52−5

42+10−5

42+ ☐ = ☐

(10) 32−9

22+10−☐

22+ ☐ = ☐

(8) 23−8

13+10−☐

13+ ☐ = ☐

(11) 74−7

64+10−☐

64+ ☐ = ☐

(9) 91−4

81+10−☐

81+ ☐ = ☐

(12) 43−6

33+10−☐

33+ ☐ = ☐

● 뺄셈을 하세요.

(1) $10 - 5 =$

(2) $30 - 1 =$

(3) $60 - 3 =$

(4) $50 - 6 =$

(5) $40 - 8 =$

(6) $20 - 2 =$

(7) $70 - 4 =$

(8) 80 − 2 =

(9) 40 − 4 =

(10) 60 − 5 =

(11) 70 − 7 =

(12) 20 − 9 =

(13) 50 − 1 =

(14) 90 − 3 =

(15) 30 − 5 =

MC03 (두 자리 수)+(한 자리 수), (두 자리 수)-(한 자리 수) 종합

● 뺄셈을 하세요.

(1) $22 - 4 =$

(2) $28 - 9 =$

(3) $31 - 3 =$

(4) $35 - 7 =$

(5) $52 - 4 =$

(6) $43 - 5 =$

(7) $53 - 6 =$

(8) $44 - 5 =$

(9) $46 - 8 =$

(10) $55 - 6 =$

(11) $62 - 4 =$

(12) $63 - 5 =$

(13) $74 - 7 =$

(14) $75 - 8 =$

(15) $81 - 2 =$

MC03 (두 자리 수)+(한 자리 수), (두 자리 수)−(한 자리 수) 종합

● 뺄셈을 하세요.

(1) $24 - 6 =$

(2) $33 - 6 =$

(3) $62 - 5 =$

(4) $41 - 2 =$

(5) $63 - 4 =$

(6) $51 - 6 =$

(7) $45 - 7 =$

(8) $92 - 4 =$

(9) $25 - 8 =$

(10) $43 - 6 =$

(11) $74 - 5 =$

(12) $57 - 9 =$

(13) $34 - 7 =$

(14) $61 - 4 =$

(15) $81 - 3 =$

MC03 (두 자리 수)+(한 자리 수), (두 자리 수)-(한 자리 수) 종합

● ☐ 안에 알맞은 수를 쓰세요.

(1) $24 - 5 = \boxed{}$

(2) $11 - 6 = \boxed{}$

(3) $32 - 4 = \boxed{}$

(4) $42 - 3 = \boxed{}$

(5) $55 - 7 = \boxed{}$

(6) $42 - \boxed{} = 39$

(7) $32 - \boxed{} = 28$

(8) $82 - 4 = \boxed{}$

(9) $43 - 8 = \boxed{}$

(10) $61 - 5 = \boxed{}$

(11) $72 - 6 = \boxed{}$

(12) $22 - 7 = \boxed{}$

(13) $82 - \boxed{} = 78$

(14) $22 - \boxed{} = 15$

(15) $61 - \boxed{} = 56$

MC03 (두 자리 수)+(한 자리 수), (두 자리 수)-(한 자리 수) 종합

● 뺄셈을 하세요.

(1) $39 - 6 - 1 =$

(2) $58 - 3 - 5 =$

(3) $25 - 1 - 3 =$

(4) $48 - 3 - 2 =$

(5) $64 - 4 - 5 =$

(6) $52 - 1 - 6 =$

(7) $16 - 4 - 3 =$

(8) $33 - 4 - 5 =$

(9) $70 - 5 - 2 =$

(10) $46 - 6 - 2 =$

(11) $24 - 8 - 4 =$

MC03 (두 자리 수)+(한 자리 수), (두 자리 수)-(한 자리 수) 종합

● 빈칸에 알맞은 수를 쓰세요.

−	1	2	3	4
99	98	97	96	95
87	86			83
75	74			71
63		61	60	
51		49	48	
40	39			36

● 빈칸에 알맞은 수를 쓰세요.

−	6	7	8	9
20	14			11
32	26			23
44		37	36	
56		49	48	
68	62	61	60	59
70	64			61

MC 단계 7권

(두 자리 수)+(두 자리 수),
(두 자리 수)−(두 자리 수) 종합

4주차

요일	교재 번호	학습한 날짜		확인
1일차(월)	01~08	월	일	
2일차(화)	09~16	월	일	
3일차(수)	17~24	월	일	
4일차(목)	25~32	월	일	
5일차(금)	33~40	월	일	

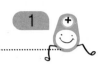

● 순서에 따라 계산하여 □ 안에 알맞은 수를 쓰세요.

(1) $12 + 35 =$ $\boxed{40}$ $+$ $\boxed{7}$ $=$ $\boxed{}$

① ②

(2) $33 + 23 =$ $\boxed{}$ $+$ $\boxed{}$ $=$ $\boxed{}$

① ②

(3) $51 + 46 =$ $\boxed{}$ $+$ $\boxed{}$ $=$ $\boxed{}$

① ②

(4) $88 + 10 =$ $\boxed{}$ $+$ $\boxed{}$ $=$ $\boxed{}$

① ②

(5) $44 + 35 =$ $\boxed{}$ $+$ $\boxed{}$ $=$ $\boxed{}$

① ②

(6) $26 + 17 = \boxed{30} + \boxed{13} = \boxed{}$

    ① ②

(7) $43 + 28 = \boxed{} + \boxed{} = \boxed{}$

    ① ②

(8) $67 + 13 = \boxed{} + \boxed{} = \boxed{}$

    ① ②

(9) $39 + 48 = \boxed{} + \boxed{} = \boxed{}$

    ① ②

(10) $75 + 17 = \boxed{} + \boxed{} = \boxed{}$

    ① ②

MC04 (두 자리 수)+(두 자리 수), (두 자리 수)-(두 자리 수) 종합

● 덧셈을 하세요.

(1) $46 + 52 =$

(2) $63 + 24 =$

(3) $39 + 40 =$

(4) $14 + 71 =$

(5) $51 + 13 =$

(6) $24 + 35 =$

(7) $72 + 16 =$

(8) 43 + 24 =

(9) 72 + 13 =

(10) 87 + 11 =

(11) 40 + 52 =

(12) 24 + 61 =

(13) 16 + 63 =

(14) 58 + 40 =

(15) 61 + 12 =

● 덧셈을 하세요.

(1) $71 + 19 =$

(2) $22 + 48 =$

(3) $59 + 34 =$

(4) $48 + 26 =$

(5) $34 + 17 =$

(6) $63 + 18 =$

(7) $17 + 35 =$

(8) $33 + 37 =$

(9) $66 + 26 =$

(10) $29 + 57 =$

(11) $72 + 18 =$

(12) $53 + 29 =$

(13) $18 + 36 =$

(14) $68 + 14 =$

(15) $41 + 29 =$

MC04 (두 자리 수)+(두 자리 수), (두 자리 수)-(두 자리 수) 종합

● □ 안에 알맞은 수를 쓰세요.

(1)

$$\begin{array}{r} 3\ 4 \\ +\ 4\ 5 \\ \hline \square \end{array}$$
→
$$\begin{array}{r} 3\ 4 \\ +\ 4\ 5 \\ \hline \square\ \square \end{array}$$

(2)

$$\begin{array}{r} 2\ 1 \\ +\ 2\ 3 \\ \hline \square \end{array}$$
→
$$\begin{array}{r} 2\ 1 \\ +\ 2\ 3 \\ \hline \square\ \square \end{array}$$

(3)

$$\begin{array}{r} 8\ 6 \\ +\ 1\ 2 \\ \hline \square \end{array}$$
→
$$\begin{array}{r} 8\ 6 \\ +\ 1\ 2 \\ \hline \square\ \square \end{array}$$

(4)
```
    □
    2  2
+   1  9
─────────
       □
```
→
```
    □
    2  2
+   1  9
─────────
    □  □
```

(5)
```
    □
    5  7
+   2  6
─────────
       □
```
→
```
    □
    5  7
+   2  6
─────────
    □  □
```

(6)
```
    □
    4  9
+   4  8
─────────
       □
```
→
```
    □
    4  9
+   4  8
─────────
    □  □
```

(7)
```
    □
    6  3
+   1  7
─────────
       □
```
→
```
    □
    6  3
+   1  7
─────────
    □  □
```

MC04 (두 자리 수)+(두 자리 수), (두 자리 수)-(두 자리 수) 종합

● 덧셈을 하세요.

(1)
```
    1 1
+   4 3
─────────
```

(5)
```
    6 3
+   2 0
─────────
```

(2)
```
    4 5
+   2 2
─────────
```

(6)
```
    3 7
+   3 1
─────────
```

(3)
```
    2 4
+   3 4
─────────
```

(7)
```
    8 0
+   1 8
─────────
```

(4)
```
    7 2
+   1 3
─────────
```

(8)
```
    5 6
+   2 1
─────────
```

(9)
```
    3 0
+   2 9
───────
```

(13)
```
    7 3
+   1 2
───────
```

(10)
```
    6 6
+   1 1
───────
```

(14)
```
    2 5
+   2 1
───────
```

(11)
```
    5 4
+   2 5
───────
```

(15)
```
    8 2
+   1 3
───────
```

(12)
```
    1 2
+   3 2
───────
```

(16)
```
    4 1
+   2 7
───────
```

MC04 (두 자리 수)+(두 자리 수), (두 자리 수)-(두 자리 수) 종합

● 덧셈을 하세요.

(1)

```
    3 2
+   1 4
───────
```

(4)

```
    3 2
+ □ □
───────
    4 6
```

(2)

```
    6 6
+   2 3
───────
```

(5)

```
    4 7
+ □ □
───────
    7 8
```

(3)

```
    4 7
+   3 1
───────
```

(6)

```
    6 6
+ □ □
───────
    8 9
```

(7)
```
    2 2
+   3 5
─────────
```

(11)
```
    5 0
+ □ □
─────────
    7 9
```

(8)
```
    5 0
+   2 9
─────────
```

(12)
```
    2 2
+ □ □
─────────
    5 7
```

(9)
```
    1 4
+ □ □
─────────
    5 6
```

(13)
```
    7 6
+ □ □
─────────
    8 8
```

(10)
```
    4 0
+ □ □
─────────
    9 4
```

(14)
```
    6 4
+ □ □
─────────
    7 8
```

MC04 (두 자리 수)+(두 자리 수), (두 자리 수)-(두 자리 수) 종합

● 덧셈을 하세요.

(1)
```
    1 4
+   1 8
─────────
```

(2)
```
    5 6
+   2 4
─────────
```

(3)
```
    3 8
+   2 8
─────────
```

(4)
```
    7 3
+   1 7
─────────
```

(5)
```
    2 5
+   2 6
─────────
```

(6)
```
    6 9
+   1 3
─────────
```

(7)
```
    4 2
+   3 9
─────────
```

(8)
```
    2 7
+   4 8
─────────
```

(9)
```
    2 8
  + 3 9
```

(13)
```
    5 9
  + 1 6
```

(10)
```
    4 3
  + 1 9
```

(14)
```
    7 4
  + 1 8
```

(11)
```
    1 7
  + 5 6
```

(15)
```
    3 7
  + 4 7
```

(12)
```
    6 5
  + 2 5
```

(16)
```
    7 6
  + 1 5
```

MC04 (두 자리 수)+(두 자리 수), (두 자리 수)−(두 자리 수) 종합

● 덧셈을 하세요.

(1)
```
    4 7
+   1 5
───────
```

(5)
```
    1 6
+   3 7
───────
```

(2)
```
    5 2
+   2 8
───────
```

(6)
```
    3 8
+   3 6
───────
```

(3)
```
    2 5
+   4 5
───────
```

(7)
```
    7 1
+   1 9
───────
```

(4)
```
    3 4
+   5 7
───────
```

(8)
```
    6 3
+   1 8
───────
```

(9)

```
    6 6
+   1 7
─────────
```

(13)

```
    4 7
+   3 8
─────────
```

(10)

```
    2 5
+   1 7
─────────
```

(14)

```
    3 6
+   2 5
─────────
```

(11)

```
    4 2
+   2 8
─────────
```

(15)

```
    5 3
+   1 9
─────────
```

(12)

```
    1 8
+   3 5
─────────
```

(16)

```
    7 4
+   1 7
─────────
```

MC04 (두 자리 수)+(두 자리 수), (두 자리 수)−(두 자리 수) 종합

● 덧셈을 하세요.

(1)
```
    3 4
+   1 9
─────────
```

(4)
```
    4 7
+ □ □
─────────
    7 2
```

(2)
```
    6 8
+   1 6
─────────
```

(5)
```
    6 8
+ □ □
─────────
    8 4
```

(3)
```
    4 7
+   2 5
─────────
```

(6)
```
    3 4
+ □ □
─────────
    5 3
```

(7)

```
    5 3
+   2 7
─────────
```

(11)

```
    5 3
+  □ □
─────────
    8 0
```

(8)

```
    1 9
+   2 8
─────────
```

(12)

```
    1 9
+  □ □
─────────
    4 7
```

(9)

```
    4 6
+  □ □
─────────
    6 2
```

(13)

```
    7 5
+  □ □
─────────
    9 1
```

(10)

```
    2 8
+  □ □
─────────
    7 3
```

(14)

```
    2 6
+  □ □
─────────
    6 5
```

MC04 (두 자리 수)+(두 자리 수), (두 자리 수)-(두 자리 수) 종합

● 순서에 따라 계산하여 □ 안에 알맞은 수를 쓰세요.

(1) $36 - 25 = \boxed{10} + \boxed{1} = \boxed{}$

①②

(2) $59 - 34 = \boxed{} + \boxed{} = \boxed{}$

①②

(3) $26 - 11 = \boxed{} + \boxed{} = \boxed{}$

①②

(4) $48 - 26 = \boxed{} + \boxed{} = \boxed{}$

①②

(5) $75 - 42 = \boxed{} + \boxed{} = \boxed{}$

①②

(6) $24-15=24-10-5$

① ②

$= \boxed{14} -5 = \boxed{}$

(7) $50-32=50-30-2$

① ②

$= \boxed{} -2 = \boxed{}$

(8) $96-48=96-40-8$

① ②

$= \boxed{} - \boxed{} = \boxed{}$

(9) $71-24=71-20- \boxed{}$

① ②

$= \boxed{} - \boxed{} = \boxed{}$

(10) $42-19=42-10- \boxed{}$

① ②

$= \boxed{} - \boxed{} = \boxed{}$

MC04 (두 자리 수)+(두 자리 수), (두 자리 수)−(두 자리 수) 종합

● 뺄셈을 하세요.

(1) $36 - 15 =$

(2) $67 - 41 =$

(3) $19 - 17 =$

(4) $48 - 23 =$

(5) $54 - 22 =$

(6) $23 - 11 =$

(7) $75 - 35 =$

(8) $27 - 14 =$

(9) $78 - 35 =$

(10) $92 - 51 =$

(11) $46 - 23 =$

(12) $50 - 20 =$

(13) $34 - 12 =$

(14) $89 - 70 =$

(15) $65 - 44 =$

MC04 (두 자리 수)+(두 자리 수), (두 자리 수)-(두 자리 수) 종합

● 뺄셈을 하세요.

(1) $27 - 19 =$

(2) $75 - 56 =$

(3) $41 - 27 =$

(4) $52 - 25 =$

(5) $86 - 18 =$

(6) $34 - 15 =$

(7) $60 - 34 =$

(8) $44 - 18 =$

(9) $62 - 35 =$

(10) $31 - 15 =$

(11) $86 - 57 =$

(12) $23 - 19 =$

(13) $94 - 48 =$

(14) $55 - 27 =$

(15) $72 - 36 =$

MC04 (두 자리 수)+(두 자리 수), (두 자리 수)−(두 자리 수) 종합

● ☐ 안에 알맞은 수를 쓰세요.

(1)

$$
\begin{array}{r}
4\ 8 \\
-\ 1\ 2 \\
\hline
\boxed{}
\end{array}
\quad\rightarrow\quad
\begin{array}{r}
4\ 8 \\
-\ 1\ 2 \\
\hline
\boxed{}\ \boxed{}
\end{array}
$$

(2)

$$
\begin{array}{r}
3\ 6 \\
-\ 2\ 4 \\
\hline
\boxed{}
\end{array}
\quad\rightarrow\quad
\begin{array}{r}
3\ 6 \\
-\ 2\ 4 \\
\hline
\boxed{}\ \boxed{}
\end{array}
$$

(3)

$$
\begin{array}{r}
8\ 7 \\
-\ 5\ 3 \\
\hline
\boxed{}
\end{array}
\quad\rightarrow\quad
\begin{array}{r}
8\ 7 \\
-\ 5\ 3 \\
\hline
\boxed{}\ \boxed{}
\end{array}
$$

(4)

```
    □   □              □   □
    5̸   2              5̸   2
  −  1   6     →     −  1   6
  ─────────         ─────────
        □              □   □
```

(5)

```
    □   □              □   □
    7̸   5              7̸   5
  −  2   8     →     −  2   8
  ─────────         ─────────
        □              □   □
```

(6)

```
    □   □              □   □
    6̸   3              6̸   3
  −  1   5     →     −  1   5
  ─────────         ─────────
        □              □   □
```

(7)

```
    □   □              □   □
    9̸   0              9̸   0
  −  4   4     →     −  4   4
  ─────────         ─────────
        □              □   □
```

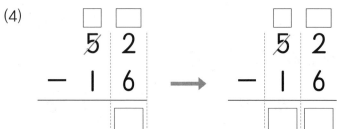

MC04 (두 자리 수)+(두 자리 수), (두 자리 수)−(두 자리 수) 종합

● 뺄셈을 하세요.

(1)
```
    4 5
  - 1 2
  ─────
```

(2)
```
    7 4
  - 5 3
  ─────
```

(3)
```
    2 6
  - 1 1
  ─────
```

(4)
```
    6 3
  - 2 2
  ─────
```

(5)
```
    3 7
  - 2 5
  ─────
```

(6)
```
    1 9
  - 1 3
  ─────
```

(7)
```
    5 4
  - 3 0
  ─────
```

(8)
```
    8 8
  - 4 5
  ─────
```

(9)

```
    6 9
-   2 2
─────────
```

(13)

```
    8 6
-   3 4
─────────
```

(10)

```
    5 3
-   4 1
─────────
```

(14)

```
    4 8
-   2 3
─────────
```

(11)

```
    3 7
-   1 6
─────────
```

(15)

```
    7 5
-   4 2
─────────
```

(12)

```
    2 8
-   1 5
─────────
```

(16)

```
    9 0
-   6 0
─────────
```

MC04 (두 자리 수)+(두 자리 수), (두 자리 수)−(두 자리 수) 종합

● 뺄셈을 하세요.

(1)
```
    2 7
  − 1 4
  ─────
```

(4)
```
    2 7
  − □ □
  ─────
    1 3
```

(2)
```
    7 9
  − 5 3
  ─────
```

(5)
```
    4 5
  − □ □
  ─────
    2 4
```

(3)
```
    4 5
  − 2 1
  ─────
```

(6)
```
    7 9
  − □ □
  ─────
    2 6
```

(7)
```
    5 4
  - 2 2
  ─────
```

(11)
```
    6 3
  - □ □
  ─────
    2 1
```

(8)
```
    8 6
  - 3 4
  ─────
```

(12)
```
    3 8
  - □ □
  ─────
    2 3
```

(9)
```
    2 9
  - □ □
  ─────
      8
```

(13)
```
    8 6
  - □ □
  ─────
    5 2
```

(10)
```
    7 8
  - □ □
  ─────
    3 5
```

(14)
```
    5 4
  - □ □
  ─────
    3 2
```

MC04 (두 자리 수)+(두 자리 수), (두 자리 수)−(두 자리 수) 종합

● 뺄셈을 하세요.

(1)
$$\begin{array}{r} 3\ 0 \\ -\ 1\ 4 \\ \hline \end{array}$$

(5)
$$\begin{array}{r} 5\ 3 \\ -\ 2\ 7 \\ \hline \end{array}$$

(2)
$$\begin{array}{r} 9\ 1 \\ -\ 6\ 4 \\ \hline \end{array}$$

(6)
$$\begin{array}{r} 4\ 2 \\ -\ 1\ 3 \\ \hline \end{array}$$

(3)
$$\begin{array}{r} 2\ 2 \\ -\ 1\ 9 \\ \hline \end{array}$$

(7)
$$\begin{array}{r} 8\ 4 \\ -\ 2\ 8 \\ \hline \end{array}$$

(4)
$$\begin{array}{r} 7\ 4 \\ -\ 4\ 5 \\ \hline \end{array}$$

(8)
$$\begin{array}{r} 6\ 5 \\ -\ 3\ 8 \\ \hline \end{array}$$

(9)
```
    6 1
  - 2 5
```

(13)
```
    8 2
  - 4 5
```

(10)
```
    9 3
  - 1 9
```

(14)
```
    2 4
  - 1 6
```

(11)
```
    7 0
  - 2 3
```

(15)
```
    4 7
  - 3 8
```

(12)
```
    3 6
  - 1 7
```

(16)
```
    5 5
  - 2 9
```

MC04 (두 자리 수)+(두 자리 수), (두 자리 수)-(두 자리 수) 종합

● 뺄셈을 하세요.

(1)
```
    5 0
  - 2 5
  ─────
```

(5)
```
    7 6
  - 1 9
  ─────
```

(2)
```
    2 4
  - 1 7
  ─────
```

(6)
```
    9 2
  - 4 4
  ─────
```

(3)
```
    3 1
  - 1 3
  ─────
```

(7)
```
    6 2
  - 3 6
  ─────
```

(4)
```
    4 3
  - 2 7
  ─────
```

(8)
```
    8 5
  - 3 8
  ─────
```

(9)
```
    4 1
  - 1 6
```

(13)
```
    8 6
  - 3 7
```

(10)
```
    9 5
  - 4 7
```

(14)
```
    7 0
  - 2 4
```

(11)
```
    6 4
  - 2 8
```

(15)
```
    2 3
  - 1 5
```

(12)
```
    3 2
  - 2 6
```

(16)
```
    5 4
  - 1 9
```

MC04 (두 자리 수)+(두 자리 수), (두 자리 수)−(두 자리 수) 종합

● 뺄셈을 하세요.

(1)
```
    5 0
 -  1 6
 _____
```

(4)
```
    9 3
 - □ □
 _____
    6 6
```

(2)
```
    9 3
 -  2 7
 _____
```

(5)
```
    4 2
 - □ □
 _____
    2 4
```

(3)
```
    4 2
 -  1 8
 _____
```

(6)
```
    5 0
 - □ □
 _____
    3 4
```

(7)

```
    6  1
-   2  6
─────────
```

(11)

```
    8  0
-   □  □
─────────
    2  2
```

(8)

```
    8  0
-   5  8
─────────
```

(12)

```
    3  4
-   □  □
─────────
    1  5
```

(9)

```
    5  3
-   □  □
─────────
    3  6
```

(13)

```
    7  5
-   □  □
─────────
    2  8
```

(10)

```
    4  1
-   □  □
─────────
    1  5
```

(14)

```
    6  1
-   □  □
─────────
    3  5
```

MC04 (두 자리 수)+(두 자리 수), (두 자리 수)−(두 자리 수) 종합

● □ 안에 알맞은 수를 쓰세요.

(1)
```
    1 8
+   □ □
─────────
    4 3
```

(4)
```
    5 0
−   □ □
─────────
    1 4
```

(2)
```
    3 6
+   □ □
─────────
    5 0
```

(5)
```
    7 2
−   □ □
─────────
    4 6
```

(3)
```
    2 6
+   □ □
─────────
    7 2
```

(6)
```
    4 3
−   □ □
─────────
    2 5
```

(7)

$$\begin{array}{r} 2\ 7 \\ +\ \square\ \square \\ \hline 4\ 1 \end{array}$$

(11)

$$\begin{array}{r} 8\ 5 \\ -\ \square\ \square \\ \hline 3\ 8 \end{array}$$

(8)

$$\begin{array}{r} 4\ 7 \\ +\ \square\ \square \\ \hline 8\ 5 \end{array}$$

(12)

$$\begin{array}{r} 7\ 5 \\ -\ \square\ \square \\ \hline 1\ 6 \end{array}$$

(9)

$$\begin{array}{r} 4\ 5 \\ +\ \square\ \square \\ \hline 6\ 3 \end{array}$$

(13)

$$\begin{array}{r} 4\ 1 \\ -\ \square\ \square \\ \hline 1\ 4 \end{array}$$

(10)

$$\begin{array}{r} 5\ 9 \\ +\ \square\ \square \\ \hline 7\ 5 \end{array}$$

(14)

$$\begin{array}{r} 6\ 3 \\ -\ \square\ \square \\ \hline 1\ 8 \end{array}$$

MC04 (두 자리 수)+(두 자리 수), (두 자리 수)−(두 자리 수) 종합

● □ 안에 알맞은 수를 쓰세요.

(1)

$$\begin{array}{r} 1\ 7 \\ +\ \square\ \square \\ \hline 5\ 2 \end{array}$$

(4)

$$\begin{array}{r} 9\ 3 \\ -\ \square\ \square \\ \hline 5\ 7 \end{array}$$

(2)

$$\begin{array}{r} 3\ 6 \\ +\ \square\ \square \\ \hline 9\ 3 \end{array}$$

(5)

$$\begin{array}{r} 6\ 0 \\ -\ \square\ \square \\ \hline 3\ 8 \end{array}$$

(3)

$$\begin{array}{r} 2\ 2 \\ +\ \square\ \square \\ \hline 6\ 0 \end{array}$$

(6)

$$\begin{array}{r} 5\ 2 \\ -\ \square\ \square \\ \hline 3\ 5 \end{array}$$

(7)

```
    3 8
+ □ □
─────
  7 4
```

(11)

```
    8 6
− □ □
─────
  3 9
```

(8)

```
    4 7
+ □ □
─────
  8 6
```

(12)

```
    9 3
− □ □
─────
  5 7
```

(9)

```
    1 4
+ □ □
─────
  6 2
```

(13)

```
    7 4
− □ □
─────
  3 6
```

(10)

```
    3 6
+ □ □
─────
  9 3
```

(14)

```
    6 2
− □ □
─────
  4 8
```

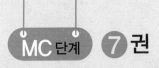

MC 단계 **7** 권

학교 연산 대비하자

연산 UP

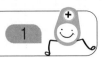
● □ 안에 알맞은 수를 써넣으시오.

(1) $32 + \boxed{} = 40$

(2) $25 + \boxed{} = 31$

(3) $48 + \boxed{} = 54$

(4) $64 + \boxed{} = 71$

(5) $59 + \boxed{} = 64$

(6) $86 + \boxed{} = 93$

(7) $22 - \boxed{} = 16$

(8) $40 - \boxed{} = 34$

(9) $31 - \boxed{} = 28$

(10) $56 - \boxed{} = 47$

(11) $61 - \boxed{} = 59$

(12) $82 - \boxed{} = 75$

● 계산을 하시오.

(1) $16 + 7 + 7 =$

(2) $24 + 3 + 8 =$

(3) $48 + 6 + 7 =$

(4) $67 + 8 + 6 =$

(5) $35 + 6 + 9 =$

(6) $59 + 2 + 4 =$

4

(7) $39 + 4 + 5 =$

(8) $57 + 5 + 8 =$

(9) $46 + 9 + 6 =$

(10) $65 + 6 + 7 =$

(11) $78 + 8 + 4 =$

(12) $84 + 7 + 3 =$

연산 UP

● 계산을 하시오.

(1) $30 - 8 - 5 =$

(2) $45 - 9 - 3 =$

(3) $61 - 2 - 6 =$

(4) $74 - 5 - 4 =$

(5) $83 - 7 - 8 =$

(6) $96 - 4 - 7 =$

(7) $47 - 6 - 8 =$

(8) $53 - 5 - 2 =$

(9) $64 - 9 - 6 =$

(10) $70 - 6 - 5 =$

(11) $85 - 7 - 5 =$

(12) $92 - 8 - 4 =$

● □ 안에 알맞은 수를 써넣으시오.

(1)
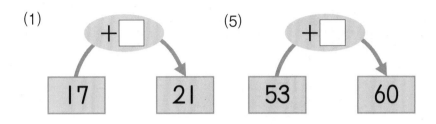

(2)

(3)

(4)
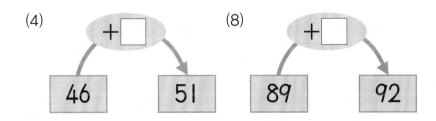

(5)

(6)

(7)

(8)

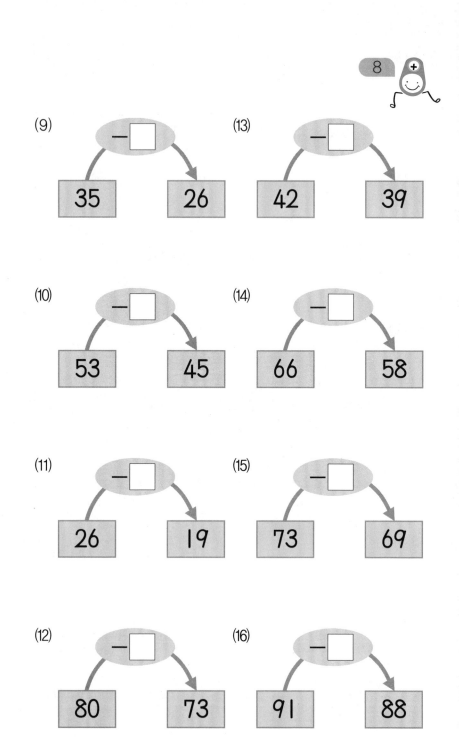

8

(9)
− ☐
35 → 26

(13)
− ☐
42 → 39

(10)
− ☐
53 → 45

(14)
− ☐
66 → 58

(11)
− ☐
26 → 19

(15)
− ☐
73 → 69

(12)
− ☐
80 → 73

(16)
− ☐
91 → 88

연산 UP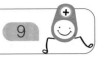

● 빈 곳에 알맞은 수를 써넣으시오.

(1)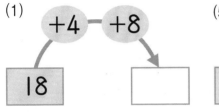

(2)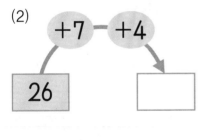

(3)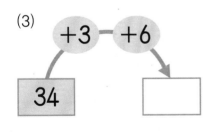

(4)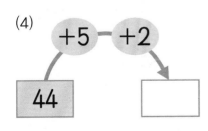

(5)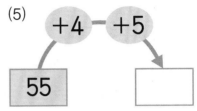

(6)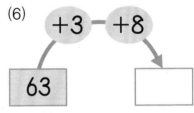

(7)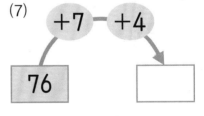

(8)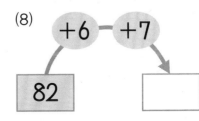

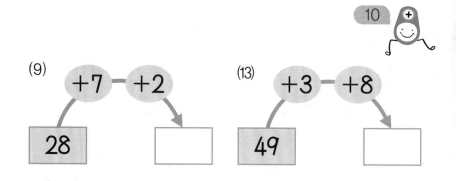

(9)
+7 +2
28 → ☐

(13)
+3 +8
49 → ☐

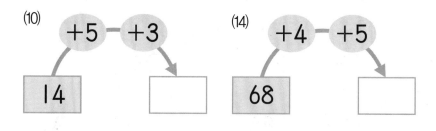

(10)
+5 +3
14 → ☐

(14)
+4 +5
68 → ☐

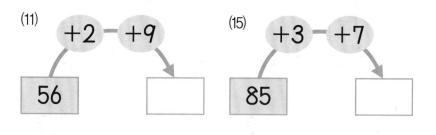

(11)
+2 +9
56 → ☐

(15)
+3 +7
85 → ☐

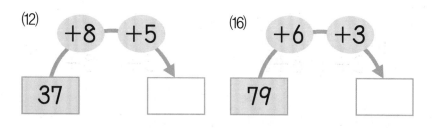

(12)
+8 +5
37 → ☐

(16)
+6 +3
79 → ☐

● 빈 곳에 알맞은 수를 써넣으시오.

(1)
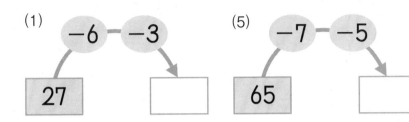

(5)

(2)
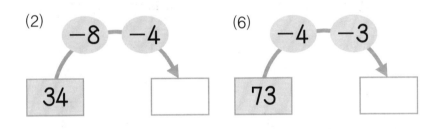

(6)

(3)
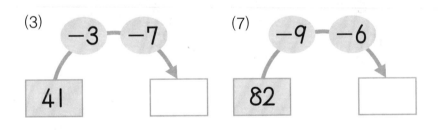

(7)

(4)
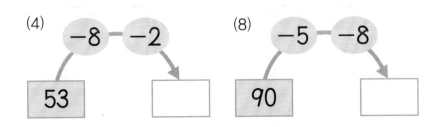

(8)

(9)
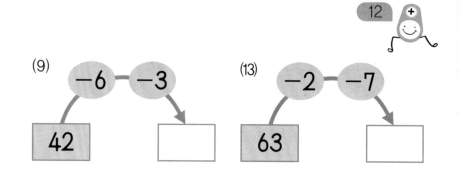

(13)

(10)
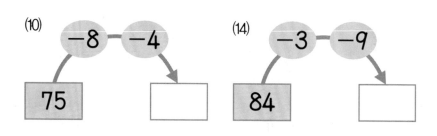

(14)

(11)
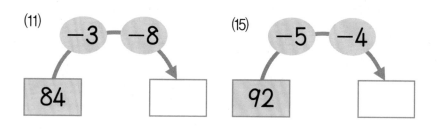

(15)

(12)
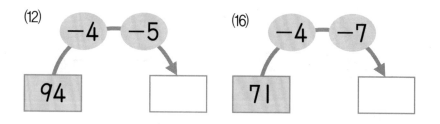

(16)

● 다음을 읽고 물음에 답하시오.

(1) 형식이네 반 학생은 **29**명입니다. 이번 달에 몇 명이 전학을 와서 모두 **32**명이 되었습니다. 전학은 온 학생은 몇 명입니까?

(   )

(2) 어머니께서 사과 몇 개와 귤 **44**개를 사 오셨습니다. 어머니께서 사 오신 과일은 모두 **52**개입니다. 어머니께서 사 오신 사과는 몇 개입니까?

(   )

(3) 주영이는 동화책을 **56**쪽까지 읽었습니다. 오늘 몇 쪽을 더 읽어서 모두 **63**쪽까지 읽었습니다. 더 읽은 동화책은 몇 쪽입니까?

(   )

⑷ 울타리 안에 토끼가 **30**마리 있습니다. 그중에서 몇 마리가 울타리 밖으로 나가서 **26**마리가 되었습니다. 울타리 밖으로 나간 토끼는 몇 마리입니까?

(   )

⑸ 수족관에 금붕어가 **42**마리 있습니다. 그중에서 몇 마리를 꺼내서 **34**마리가 되었습니다. 꺼낸 금붕어는 몇 마리입니까?

(   )

⑹ 운동장에서 운동을 하는 학생이 **72**명 있습니다. 잠시 후 몇 명이 교실 안으로 들어가서 **65**명이 남았습니다. 교실 안으로 들어간 학생은 몇 명입니까?

(   )

● 다음을 읽고 물음에 답하시오.

(1) 경수는 스티커를 **28**장 모았습니다. 어제 **2**장을 받고 오늘 **3**장을 더 받았습니다. 경수가 모은 스티커는 모두 몇 장입니까?

(   )

(2) 저금통에 동전이 **58**개 들어 있습니다. 오늘 동준이가 **5**개를 넣고, 동생이 **4**개를 더 넣었습니다. 저금통에 들어 있는 동전은 모두 몇 개입니까?

(   )

(3) 하엉이는 줄넘기를 **65**개 했습니다. 정민이는 하엉이보다 **4**개 더 했고, 경아는 정민이보다 **7**개 더 했습니다. 경아는 줄넘기를 모두 몇 개 했습니까?

(   )

(4) 사탕이 한 봉지에 **36**개 들어 있습니다. 준영이가 **5**개를 먹고, 동생이 **3**개를 먹었습니다. 남아 있는 사탕은 몇 개입니까?

( )

(5) 지성이는 과학책을 **50**권 가지고 있습니다. 지난주에 **4**권을 읽었고 이번 주에 **3**권을 읽었습니다. 읽지 않은 과학책은 몇 권입니까?

( )

(6) 수진이는 색종이를 **64**장 가지고 있습니다. 미술 시간에 **7**장을 사용하고 **6**장을 친구에게 주었습니다. 남아 있는 색종이는 몇 장입니까?

( )

정 답

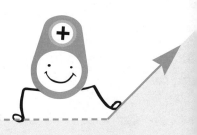

1	2	3	4	5	6
(1) 5, 8	**(7)** 9, 15	**(1)** 15, 19	**(7)** 20, 25	**(1)** 25, 27	**(7)** 40, 45
(2) 5, 8	**(8)** 9, 15	**(2)** 15, 19	**(8)** 20, 25	**(2)** 25, 27	**(8)** 40, 45
(3) 6, 8	**(9)** 10, 12	**(3)** 25, 27	**(9)** 28, 32	**(3)** 30, 35	**(9)** 50, 53
(4) 6, 8	**(10)** 10, 12	**(4)** 25, 27	**(10)** 28, 32	**(4)** 30, 35	**(10)** 50, 53
(5) 11, 13	**(11)** 11, 16	**(5)** 35, 37	**(11)** 50, 53	**(5)** 40, 44	**(11)** 52, 54
(6) 11, 13	**(12)** 11, 16	**(6)** 35, 37	**(12)** 50, 53	**(6)** 40, 44	**(12)** 52, 54
	(13) 11, 13		**(13)** 40, 42		**(13)** 51, 55
	(14) 11, 13		**(14)** 40, 42		**(14)** 51, 55

7	8	9	10	11	12
(1) 53, 57	**(7)** 69, 75	**(1)** 9	**(7)** 62, 67	**(1)** 17, 23	**(7)** 16, 22
(2) 53, 57	**(8)** 69, 75	**(2)** 14	**(8)** 73, 77	**(2)** 19, 22	**(8)** 29, 32
(3) 65, 69	**(9)** 60, 62	**(3)** 23, 25	**(9)** 83, 89	**(3)** 28, 32	**(9)** 38, 42
(4) 65, 69	**(10)** 60, 62	**(4)** 31, 36	**(10)** 97, 99	**(4)** 27, 32	**(10)** 35, 43
(5) 79, 81	**(11)** 94, 98	**(5)** 42, 46	**(11)** 54, 56	**(5)** 37, 40	**(11)** 27, 32
(6) 79, 81	**(12)** 94, 98	**(6)** 51, 54	**(12)** 33, 36	**(6)** 37, 44	**(12)** 17, 26
	(13) 80, 82				
	(14) 80, 82				

13	14	15	16	17	18
(1) 51, 53	(7) 75, 78	(1) 12	(7) 20, 23	(1) 9	(7) 12
(2) 51, 54	(8) 57, 59	(2) 25	(8) 40, 42	(2) 10	(8) 12
(3) 60, 65	(9) 62, 69	(3) 40, 44	(9) 30, 36	(3) 16	(9) 15
(4) 65, 67	(10) 52, 56	(4) 20, 23	(10) 40, 45	(4) 17	(10) 23
(5) 71, 75	(11) 60, 63	(5) 30, 32	(11) 20, 24	(5) 17	(11) 23
(6) 70, 77	(12) 72, 77	(6) 40, 47	(12) 30, 33	(6) 24	(12) 23
					(13) 24

19	20	21	22	23	24
(1) 9	(7) 29	(1) 22	(7) 31	(1) 33	(7) 27
(2) 22	(8) 18	(2) 32	(8) 31	(2) 34	(8) 30
(3) 24	(9) 22	(3) 32	(9) 32	(3) 44	(9) 37
(4) 33	(10) 32	(4) 32	(10) 41	(4) 42	(10) 36
(5) 32	(11) 27	(5) 32	(11) 51	(5) 45	(11) 47
(6) 34	(12) 19	(6) 31	(12) 42	(6) 42	(12) 47
	(13) 33		(13) 43		(13) 46

25	26	27	28	29	30	31	32
(1) 41	(7) 44	(1) 16	(7) 57	(1) 37	(7) 41	(1) 23	(7) 25
(2) 41	(8) 42	(2) 21	(8) 66	(2) 47	(8) 61	(2) 49	(8) 89
(3) 42	(9) 46	(3) 33	(9) 73	(3) 53	(9) 58	(3) 94	(9) 43
(4) 42	(10) 51	(4) 33	(10) 75	(4) 52	(10) 55	(4) 44	(10) 39
(5) 45	(11) 53	(5) 46	(11) 84	(5) 62	(11) 47	(5) 75	(11) 67
(6) 42	(12) 55	(6) 50	(12) 83	(6) 65	(12) 60	(6) 84	(12) 64
	(13) 53		(13) 96		(13) 57		(13) 81

33	34	35	36	37	38	39	40
(1) 61	(7) 89	(1) 46	(7) 74	(1) 60	(7) 71	(1) 66	(7) 76
(2) 37	(8) 42	(2) 33	(8) 37	(2) 61	(8) 57	(2) 75	(8) 69
(3) 73	(9) 64	(3) 94	(9) 62	(3) 63	(9) 43	(3) 84	(9) 95
(4) 50	(10) 23	(4) 65	(10) 78	(4) 64	(10) 66	(4) 80	(10) 82
(5) 39	(11) 38	(5) 56	(11) 91	(5) 62	(11) 66	(5) 92	(11) 92
(6) 26	(12) 72	(6) 24	(12) 51	(6) 75	(12) 63	(6) 93	(12) 82
	(13) 80		(13) 30		(13) 55		(13) 80

MC02

1	2	3	4	5	6	7	8
(1) 4	(7) 12, 7	(1) 13, 9	(7) 16, 9	(1) 42, 38	(7) 45, 39	(1) 21, 18	(7) 71, 67
(2) 3	(8) 11, 9	(2) 22, 19	(8) 14, 8	(2) 41, 39	(8) 61, 59	(2) 32, 28	(8) 71, 66
(3) 13, 10	(9) 22, 19	(3) 31, 26	(9) 25, 18	(3) 51, 48	(9) 52, 47	(3) 50, 45	(9) 80, 77
(4) 12, 10	(10) 23, 17	(4) 32, 26	(10) 25, 17,	(4) 53, 46	(10) 63, 59	(4) 72, 66	(10) 80, 74
(5) 25, 22	(11) 30, 26	(5) 22, 15	(11) 35, 26	(5) 32, 29	(11) 51, 48	(5) 61, 59	(11) 91, 84
(6) 24, 22	(12) 31, 26	(6) 10, 6	(12) 41, 37	(6) 61, 55	(12) 40, 34	(6) 84, 77	(12) 94, 89

MC02

9	10	11	12	13	14	15	16
(1) 10	(7) 8	(1) 35	(7) 27	(1) 8	(7) 23	(1) 18	(7) 24
(2) 8	(8) 3	(2) 37	(8) 32	(2) 15	(8) 38	(2) 43	(8) 68
(3) 13	(9) 5	(3) 43	(9) 41	(3) 23	(9) 28	(3) 55	(9) 5
(4) 12	(10) 5	(4) 50	(10) 36	(4) 28	(10) 37	(4) 8	(10) 11
(5) 26	(11) 17	(5) 29	(11) 48	(5) 28	(11) 42	(5) 42	(11) 45
(6) 26	(12) 20	(6) 33	(12) 55	(6) 33	(12) 44	(6) 21	(12) 55
	(13) 21		(13) 19		(13) 14		(13) 64

17	18	19	20	21	22	23	24
1) 15	(7) 17	(1) 5	(7) 35	(1) 37	(7) 60	(1) 47	(7) 18
2) 75	(8) 42	(2) 25	(8) 50	(2) 45	(8) 58	(2) 69	(8) 40
3) 8	(9) 21	(3) 43	(9) 35	(3) 43	(9) 68	(3) 64	(9) 75
4) 39	(10) 36	(4) 13	(10) 67	(4) 48	(10) 68	(4) 58	(10) 69
5) 42	(11) 76	(5) 34	(11) 56	(5) 52	(11) 44	(5) 63	(11) 55
6) 53	(12) 50	(6) 27	(12) 55	(6) 53	(12) 60	(6) 77	(12) 35
	(13) 62		(13) 62		(13) 68		(13) 86

25	26	27	28	29	30	31	32
(1) 13	(7) 24	(1) 5	(7) 3	(1) 7, 2	(7) 6, 37	(1) 9, 11, 11, 9	(7) 4, 47, 47, 4
(2) 11	(8) 26	(2) 6	(8) 9	(2) 8, 11	(8) 8, 42	(2) 4, 19, 19, 4	(8) 6, 56, 56, 6
(3) 16	(9) 34	(3) 8	(9) 5	(3) 5, 20	(9) 6, 54	(3) 7, 25, 25, 7	(9) 7, 64, 64, 7
(4) 27	(10) 33	(4) 9	(10) 9	(4) 7, 23	(10) 3, 59	(4) 6, 34, 34, 6	(10) 5, 76, 76, 5
(5) 22	(11) 39	(5) 6	(11) 8	(5) 4, 28	(11) 2, 69	(5) 5, 37, 37, 5	(11) 2, 88, 88, 2
(6) 24	(12) 45	(6) 6	(12) 4	(6) 5, 36	(12) 2, 70	(6) 3, 48, 48, 3	(12) 3, 89, 89, 3

MC02

33	34	35	36	37	38	39	40
(1) 5	(7) 6	(1) 39	(7) 28	(1) 5, 4	(7) 28, 5	(1) 13, 16, 3, 16	(7) 47, 5◌ 3, 50
(2) 8	(8) 8	(2) 36	(8) 38	(2) 6, 4	(8) 28, 6	(2) 23, 25, 2, 25	(8) 48, 52 52
(3) 4	(9) 7	(3) 49	(9) 48	(3) 9, 3	(9) 38, 4	(3) 28, 30, 2, 30	(9) 63, 6◌ 4, 67
(4) 7	(10) 9	(4) 49	(10) 69	(4) 13, 5	(10) 46, 5	(4) 29, 33, 4, 33	(10) 60, 6◌ 5, 65
(5) 8	(11) 9	(5) 58	(11) 78	(5) 19, 4	(11) 57, 4	(5) 37, 41, 4, 41	(11) 69, 7◌ 3, 72
(6) 6	(12) 5	(6) 58	(12) 86	(6) 18, 7	(12) 62, 8	(6) 38, 45, 7, 45	(12) 69, 7◌ 9, 78

MC03

1	2	3	4	5	6	7	8
(1) 18	(8) 18	(1) 49	(8) 49	(1) 40	(9) 23	(1) 2, 2, 22	42
(2) 75	(9) 25	(2) 59	(9) 86	(2) 40	(10) 23	(2) 1, 1, 51	(8) 1, 1, 6◌
(3) 35	(10) 29	(3) 59	(10) 37	(3) 60	(11) 42	(3) 3, 3, 33	(9) 3, 3, 23
(4) 66	(11) 35	(4) 79	(11) 35	(4) 60	(12) 42	(4) 2, 2, 62	(10) 2, 2, 92
(5) 27	(12) 38	(5) 77	(12) 58	(5) 1	(13) 53	(5) 4, 4, 44	(11) 1, 1, 7◌
(6) 58	(13) 56	(6) 94	(13) 59	(6) 1	(14) 53	(6) 5, 5, 75	(12) 3, 3, 53
(7) 35	(14) 78	(7) 97	(14) 64	(7) 5	(15) 67, 72	(7) 2, 2,	
	(15) 46		(15) 66	(8) 5	(16) 67, 72		

9	10	11	12	13	14	15	16
) 10	(8) 70	(1) 20	(8) 63	(1) 33	(8) 38	(1) 31	(8) 71
2) 30	(9) 80	(2) 22	(9) 51	(2) 54	(9) 22	(2) 62	(9) 92
3) 50	(10) 90	(3) 31	(10) 81	(3) 71	(10) 53	(3) 51	(10) 61
4) 60	(11) 30	(4) 31	(11) 72	(4) 42	(11) 82	(4) 21	(11) 31
5) 20	(12) 40	(5) 41	(12) 33	(5) 21	(12) 42	(5) 44	(12) 82
6) 20	(13) 50	(6) 60	(13) 82	(6) 83	(13) 73	(6) 4	(13) 2
7) 80	(14) 70	(7) 51	(14) 92	(7) 54	(14) 64	(7) 5	(14) 4
	(15) 60		(15) 95		(15) 51		(15) 5

17	18	19	20	21	22	23	24
1) 38	(6) 24	24, 30	86, 90 77,	(1) 11	(8) 12	(1) 32	(8) 23
2) 18	(7) 53	37, 39	81 66, 70	(2) 15	(9) 35	(2) 55	(9) 30
3) 29	(8) 61	46, 52	57, 61 50,	(3) 22	(10) 71	(3) 45	(10) 62
4) 47	(9) 36	59, 61	54 41, 45	(4) 24	(11) 52	(4) 31	(11) 94
5) 33	(10) 72	70, 72		(5) 33	(12) 24	(5) 61	(12) 37
	(11) 83	79, 85		(6) 33	(13) 66	(6) 21	(13) 43
				(7) 43	(14) 43	(7) 71	(14) 54
					(15) 81		(15) 63

25	26	27	28	29	30	31	32
(1) 17	(9) 17	(1) 2, 8	(7) 5, 47	(1) 5	(8) 78	(1) 18	(8) 39
(2) 17	(10) 17		(8) 8, 2, 15	(2) 29	(9) 36	(2) 19	(9) 38
(3) 45	(11) 27	(2) 3, 3, 37	(9) 4, 6, 87	(3) 57	(10) 55	(3) 28	(10) 49
(4) 45	(12) 27	(3) 1, 1, 49	(10) 9, 1, 23	(4) 44	(11) 63	(4) 28	(11) 58
(5) 2	(13) 58	(4) 3, 3, 17	(11) 7, 3, 67	(5) 32	(12) 11	(5) 48	(12) 58
(6) 2	(14) 58	(5) 1, 1, 59	(12) 6, 4, 37	(6) 18	(13) 49	(6) 38	(13) 67
(7) 6	(15) 37, 41	(6) 5, 5, 25		(7) 66	(14) 87	(7) 47	(14) 67
(8) 6	(16) 41, 37				(15) 25		(15) 79

33	34	35	36	37	38	39	40
(1) 18	(8) 88	(1) 19	(8) 78	(1) 32	(6) 45	85, 84 73, 72 62, 59 50, 47 38, 37	13, 12 25, 24 38, 35 50, 47 63 62
(2) 27	(9) 17	(2) 5	(9) 35	(2) 50	(7) 9		
(3) 57	(10) 37	(3) 28	(10) 56	(3) 21	(8) 24		
(4) 39	(11) 69	(4) 39	(11) 66	(4) 43	(9) 63		
(5) 59	(12) 48	(5) 48	(12) 15	(5) 55	(10) 38		
(6) 45	(13) 27	(6) 3	(13) 4		(11) 12		
(7) 38	(14) 57	(7) 4	(14) 7				
	(15) 78		(15) 5				

1	2	3	4	5	6	7	8
1) 40, , 47	(6) 30, 13, 43	(1) 98	(8) 67	(1) 90	(8) 70	(1) 9, 7, 9	(4) 1, 1, 1, 4, 1
2) 50, , 56	(7) 60, 11, 71	(2) 87	(9) 85	(2) 70	(9) 92	(2) 4, 4, 4	(5) 1, 3, 1, 8, 3
3) 90, , 97	(8) 70, 10, 80	(3) 79	(10) 98	(3) 93	(10) 86	(3) 8, 9, 8	(6) 1, 7, 1, 9, 7
4) 90, , 98	(9) 70, 17, 87	(4) 85	(11) 92	(4) 74	(11) 90		(7) 1, 0, 1, 8, 0
5) 70, , 79	(10) 80, 12, 92	(5) 64	(12) 85	(5) 51	(12) 82		
		(6) 59	(13) 79	(6) 81	(13) 54		
		(7) 88	(14) 98	(7) 52	(14) 82		
			(15) 73		(15) 70		

9	10	11	12	13	14	15	16
1) 54	(9) 59	(1) 46	(7) 57	(1) 32	(9) 67	(1) 62	(9) 83
2) 67	(10) 77	(2) 89	(8) 79	(2) 80	(10) 62	(2) 80	(10) 42
3) 58	(11) 79	(3) 78	(9) 4, 2	(3) 66	(11) 73	(3) 70	(11) 70
4) 85	(12) 44	(4) 1, 4	(10) 5, 4	(4) 90	(12) 90	(4) 91	(12) 53
5) 83	(13) 85	(5) 3, 1	(11) 2, 9	(5) 51	(13) 75	(5) 53	(13) 85
6) 68	(14) 46	(6) 2, 3	(12) 3, 5	(6) 82	(14) 92	(6) 74	(14) 61
7) 98	(15) 95		(13) 1, 2	(7) 81	(15) 84	(7) 90	(15) 72
8) 77	(16) 68		(14) 1, 4	(8) 75	(16) 91	(8) 81	(16) 91

MC04

17	18	19	20	21	22	23	24
(1) 53	(7) 80	(1) 10, 1, 11	(6) 14, 9	(1) 21	(8) 13	(1) 8	(8) 26
(2) 84	(8) 47	(2) 20, 5, 25	(7) 20, 18	(2) 26	(9) 43	(2) 19	(9) 27
(3) 72	(9) 1, 6	(3) 10, 5, 15	(8) 56, 8, 48	(3) 2	(10) 41	(3) 14	(10) 16
(4) 2, 5	(10) 4, 5	(4) 20, 2, 22	(9) 4, 51, 4, 47	(4) 25	(11) 23	(4) 27	(11) 29
(5) 1, 6	(11) 2, 7	(5) 30, 3, 33	(10) 9, 32, 9, 23	(5) 32	(12) 30	(5) 68	(12) 4
(6) 1, 9	(12) 2, 8			(6) 12	(13) 22	(6) 19	(13) 46
	(13) 1, 6			(7) 40	(14) 19	(7) 26	(14) 28
	(14) 3, 9				(15) 21		(15) 36

MC04

25	26	27	28	29	30	31	32	33
(1) 6, 3, 6	(4) 4, 10, 6, 4, 10, 3, 6	(1) 33	(9) 47	(1) 13	(7) 32	(1) 16	(9) 36	(1) 25
(2) 2, 1, 2	(5) 6, 10, 7, 6, 10, 4, 7	(2) 21	(10) 12	(2) 26	(8) 52	(2) 27	(10) 74	(2) 7
(3) 4, 3, 4	(6) 5, 10, 8, 5, 10, 4, 8	(3) 15	(11) 21	(3) 24	(9) 2, 1	(3) 3	(11) 47	(3) 18
	(7) 8, 10, 6, 8, 10, 4, 6	(4) 41	(12) 13	(4) 1, 4	(10) 4, 3	(4) 29	(12) 19	(4) 16
		(5) 12	(13) 52	(5) 2, 1	(11) 4, 2	(5) 26	(13) 37	(5) 57
		(6) 6	(14) 25	(6) 5, 3	(12) 1, 5	(6) 29	(14) 8	(6) 48
		(7) 24	(15) 33		(13) 3, 4	(7) 56	(15) 9	(7) 26
		(8) 43	(16) 30		(14) 2, 2	(8) 27	(16) 26	(8) 47